モーガン・フィリップス

大適応の始めかた

気候危機のもうひとつの争点

齋藤慎子訳

みすず書房

THE GREAT ADAPTATIONS

In the Shadow of a Climate Crisis

by

Morgan Phillips

First published by Arkbound Foundation, 2021

スービル・スタピット（1967－2020）と
ディリー・フィリップス（1949－2021）に

本書を書き始めたのは２０１９年の終わり頃で、ＣＯＶＩＤ－19（新型コロナウイルス感染症）は遠い中国のどこかでの出来事だったから、イギリスの関心はブレグジットや急きょ決まった総選挙のことに向いていた。気候変動はニュースにはなっていたが、優先度は低かった。それが――うまくいけば――変わろうとしていた。ＣＯＰ26（第26回気候変動枠組条約締約国会議）の開催準備でイギリスは湧いていた。一大イベントがやってくる。２０２０年11月には、開催都市グラスゴーが世界から注目される、みんながそう思っていた。〔ＣＯＰ26はＣＯＶＩＤ－19のパンデミックの影響で1年延期された。〕

そして、いまは２０２１年春、ＣＯＶＩＤ－19がもたらしている影響は、とてもことばで言い表せるものではなく、まったく破壊的としか言いようがない。わたしも愛する親族をひとり、そして、グレイシャー・トラストの大切な仲間をひとり失った。本書はこのふたりに捧げたい。

大適応の始めかた

目次

II 適応

Ⅳ　さまざまなストーリー

9　〈安心のストーリー〉の力に抗う……………………185

「気候変動はなんだかんだで制御可能となり、これまでどおりの暮らしは続く」というストーリーが現実の適応にどんな影響や作用を及ぼしうるか、あらためて考えてみよう。

おわりに――適応は避けられないが、誤適応は避けられる…………201

よい（あるいは、すばらしい）大適応も、社会変革も、可能である。そのためにまず必要なのは、みなさんが議論に参加することだ。

あとがき　205

謝　辞　208

日本語版刊行に寄せて（茨城大学　田村　誠）　211

参考文献　vii

索　引　i

はじめに

わたしは「ザ・グレイシャー・トラスト」（TGT）というNGOの英国共同ディレクターで、ただひとり有給の職員である。グレイシャー・トラストは、ネパールで気候変動への適応を可能にする活動をおこなっている。2016年から共同ディレクターとして関わりながら、想像以上に多くのことに気づかされてきた。これまで目の当たりにしてきたさまざまなことは――気候変動の目に見える影響も見えない影響も――尋常ではない。これまで訪れてきたヒマラヤ山脈の村々の暮らしは予断を許さない状況にある。地滑り、洪水、氷河の後退、干ばつ、山火事、大気汚染、害虫が、そもそも脆弱な国の未来をいっそう脅かし、国が一変してしまう瀬戸際にある。しかし、気候変動による災害が集中しているのはネパールだけではない。地球上のどの地域においても、まったく罪のない人々が気候変動による被害を受けている事実は衝撃的だ。気候変動を緩和させる必要性はわたしも理解していたが、気候変動に適応する必要性は、わたしが考えていたよりはるかに重要になっている。

この5年にわたり――グレイシャー・トラストの活動資金集め、ストーリーテラー、ディレクターほか、ありとあらゆる役割をこなすなかで――衝撃を受けているのは、気候崩壊が今後数十年間にもたらすであろう被害の甚大さであり、それはもう驚くべき規模なのだ。それだけに、いまの環境保護運動で適応がほとんど話題にされていないことに危機感を覚えている。

　適応について語っているものに触れる機会は稀で、わたし自身、環境保護問題の専門家として20年になるが、その間、適応についてほとんどなにも知らなかった。グレイシャー・トラストに関わるようになってようやく、意識するようになった。環境系NGOの職員が「気候変動適応策」ということばを丸1年間一度も耳にしない、なんてことも十分ありうる話で、環境保護運動に関わっている人もそうでない人も、多くの人は適応ということをまだほとんど知らない。そのことを非常に危惧している。

　そういうわけで、適応に光を当てるのが、わたし個人、そしてグレイシャー・トラストの使命となっている。環境保護運動の仲間たちの意識や活動においても、広く一般の人々にも、適応の重要性を強調していきたい。[1][2][3]グローバルな視点で良質な適応の知識を広める「大適応（Great Adaptations）」プロジェクトは、適応を提唱しているグレイシャー・トラストの最新かつもっとも幅広い人々を対象とした取り組みであり、本書やポッドキャストを通じて啓蒙活動をおこなっている。適応がどのように取り上げられ、それが適応のしかたにとってどういうことになるかに言及しているが、一番の目的は、議論や討論を促すことにある。適応についてぜひ議論してもらいたい。家庭や職場、ソーシャルメディアで話題のきっかけになれば、本書はその目的を果たしたことになる。

「最良」のシナリオでさえ、かなり危険！

イギリスはいま、世界各国の首脳をCOP26（第26回気候変動枠組条約締約国会議）に迎える準備を整えているところである（原著執筆当時）。いよいよだが、気候変動関連運動のムードは、主要COP（締約国会議）の準備期間中にありがちな、高揚した楽観主義と、どうせなにも変わらないという悲観主義とのあいだで揺れ動いている。ここ数年の主なCOPでは、2015年にパリで開催されたCOP21が成功だと（少なくともその成功に自分の名声がかかっている人たちからは）評価されたが、現状ではとても成功とは思えない。パリのCOP21で「世界的な平均気温上昇を2℃より十分低く保つとともに、1・5℃以内に抑える努力を追求する」[4]ことに合意した196カ国は、この目標に寄与するための計画案を提示したところだ。つまり残念ながら、まだ寄与はしていないか、たいして寄与していない。各国が「計画している」寄与をすべて合わせても十分ではないうえに、「実際の」寄与はさらに足りない[5]。ルパート・リード教授が述べているように、「パリ協定で達成したのは政治的に可能なことであって、本当に必要とされていることではない[6]」。

そういうわけで、これが現状なのである。世界各国の首脳は気温上昇を（産業革命以前とくらべて）2℃より「十分低く」保つことで合意したものの――グラスゴーで開催されるCOP26で奇跡でも起こらないかぎり――これは実現しそうにない。パリ協定の合意は非常に緩いもので、罰則がなく、設定目標と相容れない経済パラダイムや政治イデオロギーに縛られすぎている。とはいえ、障害になっているのは政治的な問題だけである、という点にはまだかすかな望みがある。純粋に科学的観点からいえば、平均気温の上昇を2℃未満に保つのはまだ可能であるどころか、1・5℃以下に保つことも（理論上は）まだ可能である。さらに、気候変動の緩和への取り組みが広がって十分に加速すれば――気候が安定したあとに――気温が徐々に下がり始める可能性すらある。いずれもまだ実現可能とはいえ、政治・経済の考えかた、そしてやりかたにどれほど抜本的な変革が必要かは、いくら強調しても足りない。今の状態がこのまま続けば、平均気温上昇が2℃以内に保たれる可能性がわずか5パーセント、パリ協定の署名国すべてが約束を守ったとしても、その可能性は26パーセントにしかならない。つまり4つに1つなのだ。[7] 事態は危ない方向へ向かっているように思われる。

気候を「守る」には、社会・文化・政治・経済の大変革が必要になるにもかかわらず、この大難題をあきらめてしまっている人が皆無に近いのはすごいことで、わたしもあきらめていない。むしろ、状況が緊急かつ深刻なだけにかえって、かつてないほど大勢の人々をこうした動きに向かわせているように思われる。温室効果ガス削減への決意は見事なまでに揺るぎなく、気候変動対策への世論の支持も高まる一方だ。したがって、脱炭素への取り組み――そして気候変動の緩和全般――がこれほど重視されたままなのも当然かもしれない。

なにがなんでも、とにかく「ネットゼロ（正味ゼロ）」（大気中に排出される温室効果ガスと、植物や「炭素吸収」技術によって大気中から除去される温室効果ガスが同量の状態）は達成しなければならない。いまの緩和の取り組みはきわめて重要で、さらなる温暖化を0・1℃ずつでも防いでいくことに大きな意味がある。気温上昇が2・1℃に達してしまうのは、2・2℃や2・3℃に達してしまうよりはましなのだ。「ネットゼロ」――もっといいのは「リアルゼロ（真のゼロ）」（化石燃料の使用がゼロの状態）――の達成は、ぜひ必要である。「ゼロ」の状態を早く、（やりかたによっては公平性に大きな支障をきたすため）手段を選ばずとにかく早くとは言わないまでも、人道的見地からできるだけ速やかに達成する必要がある。

しかし、平均気温の上昇を2℃未満に保ちつつ、温室効果ガス排出量を2050年までに大急ぎでなんとか減らしていったとしても、気候変動は（うまくいって）好転するまでは、やはりしばらく悪化するだろう。この「最良」のシナリオでも、平均気温上昇がいまの1・2℃から2℃直下まで上がっていき、そこをピークにその後また下がっていくのに数十年はかかるだろう。つまり、わたしたちの人生の残りすべてとは言わないまでも、大半を要するのである。気候変動に関する政府間パネル（IPCC）の「1・5℃特別報告書」は、この1・2〜2・0℃の範囲の温暖化がどれほど危険になりうるかを示している。数十億人の暮らしに計り知れない影響をもたらし、激動の数十年になるという予想だ。[8][9]

もっと悪いシナリオのなかには、気温がこのまま上昇し続け、2090年代には、産業革命前の平均気温より3℃高くなる可能性を指摘しているものもある。世界トップレベルの気候学者であるジーク・ハウスファーザーやグレン・ピーターズも、この3℃上昇シナリオを、「いまの対策のままでいくと、

*訳注　以下、この箇所同様、たんに「緩和」「緩和策」としている箇所が指すのも気候変動および温暖化の緩和またはそれへの取り組みのことであり、実践上は「温室効果ガス排出量削減」とほぼ同義であることに留意されたい。

そうなる可能性が高い」と考えている。[10] この恐ろしいシナリオの場合、気候関連の重要な「ティッピング・ポイント」をいくつも超えてしまうリスクがかなり高まる。[11] 森林、山、氷冠、海洋、モンスーン周期、永久凍土、サンゴ礁に、取り返しのつかない変化を引き起こしてしまう気温に達する恐れがある。こうしたさまざまなティッピング・ポイントを超えると具体的にどういうことになるのか、科学者は推測するしかなく、どの程度の気温上昇でそうなるかについての意見も分かれている。[12] それでも、ドミノ効果あるいはカスケード反応[13]——北極の氷が溶ける速さが加速することで海洋循環のパターンが変わり、それによって熱帯地方のモンスーン周期が乱れるなど——が起こる可能性は高く、気温上昇が3℃を超えたら破壊的な変化と大災難が引き起こされる、と考えて間違いない。

しかし、最悪のシナリオはさておき、前述した「最良」のシナリオでさえかなり危険であることは、繰り返し強調しておかなければならない。これまでに上昇した1・2℃の温暖化だけでも、おびただしい数の人々の暮らしがすでに脅かされたり破壊されたりしている。今後数十年間にわたって気候危機が深刻化するにつれ、地球の平均気温は依然としていまよりも常に高くなっていくだろう。また、事態が今後実際に好転し始めたとしても、平均気温はこの21世紀中はずっと、依然としていまよりも常に高くなるだろう。氷解、熱波、スーパーストーム、火事、干ばつなどが引き続き発生し、少なくともいまとそう変わらない深刻な状態が予想される。

したがって、この「悪化していき、その後好転していく」という期待の前半（今後数十年間）は、「最良のシナリオ」であっても気候変動は容赦なく続く、と言って間違いない。少なくともいまと変わらない規模の被害をもたらし、和らぐことはないだろう。無数の動植物も、わたしたちが愛着を抱いているさまざまな土地の自然環境も建造環境〔人工的に造られた環境〕も、その影響を免れない。何十万という命、何万という種が、気候と生態系の崩壊によって、2050年までに失われる可能性がある、と言っても過言ではない。古くからある建造物、橋、建物、道路など、建築学的、考古学的、歴史的、文化的に貴重なものも、損害を受けたり破壊されたりする可能性が高い。何十億という人々が、今後数十年間にわたり、毎年のように影響を受けることになる。だからこそ、緩和策に加えて適応策も必要なのである。この両方を並行しておこなわないかぎり、こうしたさまざまな損害を最小限にとどめることはできない。

*

未来予測は気が重い作業ではあるが、本書に欠かせない2つの重要な前提となる、気候変動に関する科学と政治のいまの方向性を確認しておこう。

2つの前提

気候変動はますます悪化する。地球規模での政策や対策を抜本的に変えていかなければ、平均気温上昇が1・5℃を超えるのはほぼ確実であり、2℃を超える可能性も高い。いずれの場合も、**おびただしい数の人々、動物、植物が気候変動の悪影響を受けることになる**、というのが本書の1つめの前提だ。

気候変動のこのような危険なレベルに直面して、わたしたち人類は、これも運命だと淡々と受け入れはしないだろう。これ以上の温暖化をなんとかして食い止めようと努め、**いま起きているさまざまな変化に適応しようとするはずだ**、というのが本書の2つめの、そしてもっとも重要な前提である。

本書はこの2つの前提が正しいことを証明しようとするものではない。気候変動がなぜ起きているのか、どのくらい深刻化する（あるいはしない）可能性があるかについての報告書や文献ならいくらでもある。また、気候変動を緩和させようとするさまざまな取り組みを否定するものでも、適応がひとつの「解決策」あるいは代替策だと主張するものでもない。適応は緩和の味方、それも最強の味方なのだ。

わたしが前提としているのは、気候変動はまちがいなく悪化していく、ということと、ますます多くの人々（そしてほかのさまざまな種）がその影響にまちがいなく適応していく、ということである。本書はそうしたさまざまな適応に光を当て、適応がどのようにおこなわれていくのか、そうした選択がどのような結果をもたらすのかを検討していく。

適応がもたらすものがすべてよい（あるいはすばらしい）とはかぎらない。したがって、適応にも無視できない問題点はいくつかある。本書のタイトルにある「大適応（Great Adaptations）」はチャールズ・ディケンズの有名な小説『大いなる遺産（*Great Expectations*）』の題をもじったものだ。ディケンズはこの小説について、「とてもすばらしく、新しく、グロテスクでもある（“a very fine, new and grotesque idea”）」と語った。この表現は気候変動への適応に関していま世界が直面している状況を言い得ていると思う。

コラム

これは公正性の問題だ

気候変動と公正性の問題が交わる部分について、さまざまな言及がなされてきている。にもかかわらず、気候変動をそうした観点で論じている人はまだあまりにも少ない。気候関連問題の公正性（不公正性）にはさまざまな側面があるが、なかでも次の3つが顕著だろう。

1つめは、気候危機の深刻化によって、いまだれが被害を被っていて、今後だれが被害を被ることになるのか、という問題。もっとも貧しい人々や、気候変動を引き起こす原因にもっとも無関係な人々ばかりが気候変動の影響を被っているのは、まったく不公正である。グローバルサウスではこのとおりだが、グローバルノースも無縁ではない。しかもこうした状況は、不平等の深刻化にともなって悪化しているように思われる。このように、気候の不公正と人種の不平等は交差している。つまり、気候変動の影響を被っているのが有色人種の人々にばかり偏っているのは明らかであり、反論の余地のない事実である[14]。気候変動は植民地政策がもたらした当然の帰結、とデヴィッド・ラミー英国会議員が述べているのももっともだ[15]。そう考えると、気候変動対策を約束しておきながら、ほとんど実行していないイギリス政府の対策不足が続いているいまの状態には、根強い人種差別の意識が絡んでいる、としか思えなくなってくる。しかも、エリザベス・ヤンピエール他[16]が主張しているように、イギリスの環境運動団体もこの点でまったく無関係とはいえない。気候変動、ましてや気候の公正性は、イギリスの環境運動家にとってこれまで必ずしも最重要課題ではなかったし、実のところ多くはいまだに最重要課題とは考えていない。

2つめは、「適応」的でしかも「ネットゼロ」の経済への移行の際に、その計画や実行のしかたがまずいせいで生じるかもしれない不公正の問題。喫緊の課題としては、いまの仕事がもはや現実的ではなくなっている人々のために、やりがいのある代替雇用の機会を見つける必要がある。そうしないと、フランスを揺るがしたあの「黄色いベスト運動」のような抗議運動がもっと起こるかもしれない。たとえば、「リワイルダー」（再野生化を促す人々）や畜産業をこれ以上拡大させたくない人々によって自分たちの暮らしそのものが脅かされている、と不安に感じている農家や農村部の人々から激しい反発が起こるかもしれない。さらに広く見渡せば、ネットゼロ経済への移行が進むにつれて、文化、伝統、景観、習慣など、慎重に検討、温存、保護、拡張すべきことが山のようにあり、「公正な移行」がきわめて重要になる。

3つめは、気候変動の影響が、その原因にもっとも無関係な人々にばかりもたらされているだけでなく、さらなる被害の食い止め、適応の機会提供、補償、いずれも一切ないに等しいせいで、事態をさらに悪化させているという、とてつもない不公正の問題。「適応ギャップ」（適応の取り組みに必要な資金と、実際に得られる資金との差）がいたるところで広がっているのを見ても、この不公正の深刻さがわかる[17]。

気候の不公正を被っている人々は、気候変動の影響による損害や被害に対する補償、さらに、適応を可能にする資金や融資を必要としている。また、こうした不公正をとにかくなくすことも必要である。気候変動による痛手をわかっていながら与え続けるのは、相手が肺がんを患っているのを知りながら、その人にタバコの煙を吹きかけ続けているようなものだ。

このような不公正の防止と埋め合わせのために、気候の公正性問題に真剣に取り組むリーダーが必要になる。口約束ではなく、法律、そして富と権力の再分配に裏づけられた公約でなければならない。資金は、再建、避難、適応、あるいは災害リスクの軽減策を整えるのに必要だ。権力の移転および公正性の真の回復を確実にできるかどうかは、資金をどのように配分するかと密接に関連している。補助金は、義務つきの厳しい条件を課すような新植民地主義とは無縁でなければならない。融資は、受ける側に好都合な条件でおこなわれるべきで、政治的動機に左右されたり、民間セクターが暴利を貪ったりすることがあってはならない。

とはいえ、資金を必要としている国々が求めているのは外部からの資金援助とはかぎらない。従来からの不公平な債務を帳消しにできれば、毎年何億ドルも浮き、その分を気候変動の緩和策や適応策に回せる。また、略奪的な国際貿易協定を抜本的に見直すことができれば、グローバルサウスの国々が自国経済を発展させることも可能になるだろう。経済人類学者ジェイソン・ヒッケルが示しているように、現状は、グローバルサウスに——寄付金や対外援助のかたちで——流れ込んでいる資金は、グローバルノースの政府や多国籍企業が海外のタックスヘイブンに移している利益というかたちで得ている莫大な富とくらべれば、ごくわずかである。[18] 国際貿易協定や法律を徹底的に改革すれば、こうした根深い不公正問題に取り組むことも、グローバルサウスの国々が自国のやりかたで気候変動対策をおこなうのに必要な資金づくりも、可能になるかもしれない。

資金だけでなく——お金ですべてを解決できるわけではない——、わたしたちみんなに必要なのが、気候変動が要因で移住を希望する——あるいはそうせざるをえない——場合に、本人が希望する国へ避難して新たな生活を始められる自由である。「わたしたち」としたのは、気候変動の影響をわたしたちだれもがいずれ受けることになり、そのためにいつかは移住する必要があるかもしれないからだ。

最後に、気候変動の緩和や適応に必要なモノや技術を、「わたしたち」の専門的意見に基づいて「わたしたち」が選ぶやりかたで利用できるようにするための、政策や法、保護手段が必要だ。

残念ながら、これで不公正がなくなるわけではない。繰り返すが、一般的に、気候変動を引き起こしている原因の「最たる」人々がその影響を感じることが「もっとも少ない」。それは、さまざまな手段で適応できるからである。そして、気候変動の原因に「もっとも無関係」な人々がその影響を「もっとも多く」受けている。それは、気候変動の影響をもろに受ける「可能性が高く」、対処する手段がある「可能性が低い」からだ。豊かな人々は比較的楽に適応するが、貧しい人々は適応すること自体が困難なのだ。だから、豊かな人々はますます豊かになり、貧しい人々はますます疲弊していく。その結果——容赦ない自由市場経済というしくみのなかでは——一国のなかでも、国と国とのあいだでも、不平等が広がっていく。

適応は負担ゼロではない点も考慮する必要がある。社会や環境に与える影響がそれなりにあり、良いことずくめではない。なんらかの適応策を選択する際は、その連鎖反応を考慮すべきかどうかも決めなければならない。ほかの人々（ほかの種も含む）のさまざまなニーズよりも自分たちの適応ニーズを優先し、その連鎖反応を考慮しなければ、不平等、不公正、環境悪化の一因となる恐れがある。

低炭素社会への「公正な」移行を求めるのと同じ精神で、気候変動に対する「公正な」適応も求めなければならない。両者は表裏一体だからである。

2020年9月25日，バングラデシュのサトキラ地区でおこなわれた，気候正義を求めるデモ行進．洪水被害を受けた沿岸部のコミュニティの女性たちによる．

適応に光を当てていく

人類が気候変動に初めて大規模に適応したのは、約1万2000年前、ヤンガードリアスの亜氷期から完新世の温暖期に変わる頃だった。わたしたちの祖先は幾世代にもわたり、狩猟採集しながら移動する暮らしから、自給農耕で定住する暮らしへとゆるやかに移行し、やがて、ナイル川とユーフラテス川のあいだの新しい肥沃な土地に集落をつくるようになっていった。このことが、暮らしかた、働きかた、互いや自然環境との関わりかたを飛躍的に変えた。

そういうわけで、気候の激変や生態系の崩壊が始まっていることに動揺し、動植物や昆虫、原生地や景観がなくなってしまうのを嘆くのも無理はないが、あきらめてはいけない。破滅だ絶滅だと引きこもっているわけにはいかない。直面しているさまざまな危機にもかかわらず、人類は適応し、存続していくだろう。それは容易なことではなく、損失も伴うだろうが、必ずそうなるはずである。

いまなすべきは、適応策を緩和策と組み合わせて、その双方が、よりよい暮らしかたや関わりかたへと進化するよう広げていくことだ。地下シェルターや救命艇を用意したり、国境警備を強化したり、世界の上位1パーセントの富裕層の資産を守ったりしている場合ではない。透明性、協力、公正性を目指すべきときであり、こうしたものこそが平和の根底であり、これなくして新しいなにかへ移行するのは難しいだろう。

＊

わたしたちはいままた気候変動を経験しているが、今回は人間がもたらした気候変動であり、しかもどんどん進行している。完新世の温暖期が人新世の温暖化へと移りつつあり、その激化に伴い、多くの複雑な選択を迫られている。緩和によって気候変動のペースを緩やかにさせられることも、適応によって暮らしかたを調整すれば混乱を最小限に抑えられることもわかっている。なのに、具体的になにをすべきかが、いつまでたってもはっきり決まらない。

いつ、どこで、どのように適応するかを決めるには、いくつかの妥協が必要であることを認識しなければならない。予算には限りがあるし、政治的なインセンティブはころころ変わるし、ひとつの方針を選べばほかの方針を締め出すことになる。それでも、気候変動に（いまのような生ぬるいやりかたではなく、粘り強さとフルコミットメントで徹底的に）取り組む、といったん決めた以上は、実現可能な適応策と緩和策すべてに対して優先順位のバランスをとり、場合によっては、気候変動対策の年間国家予算のうち、最後の1000万ポンドを緩和策へ充てるのか、それとも適応策へ充てるのかを決める必要も出てくる。非常に難しい選択ではあるが、こうした選択が目の前に立ちはだかっている。結局、「困難とともにあれ」というダナ・ハラウェイのアドバイスどおり[19]、なんとかして切り抜けるしかないのではないか。

＊

適応は、緩和の陰に隠れて長らく目立たなかったが、徐々に注目されつつある。適応をもっと増やすだけでなく、「よりよい」適応が必要だ、という認識が高まりつつある。適応の複雑な問題点や特異な点にもっと注目することで、その誘因、成功例、失敗例を正しく理解できる。そうすれば、できるだけ最適な適応策を選べるだろうし、今日の早期適応者たちが得たものをさらに拡大・改善するだけでなく、社会の公平性を「推進」し、環境を「改善」し、現状を「打破」するものにしていける。

本書は、すでにおこなわれているさまざまな適応を検討し、こうした早期適応の先例に光を当てようとするものである。すでに適応し始めている人々、動物、環境、組織、コミュニティのさまざまな事例を紹介している。21世紀の適応の、良いところ、悪いところ、不都合なところを、取り上げている。そうした取り組みには、まったくばかげているもの、すばらしいもの、かなり厄介なものもあるが、いずれも理解につながる。

公正で社会変革につながる適応を支持したい、一部の人たちの利益にしかならない適応には反対したい、でもそうした事例も伝えかたもよくわからないという方々に、本書はそのどちらも提供する。こうした事例を伝えていくことが、より賢明な適応をもっと増やそうという働きかけにつながっていく。気候変動への適応についてまったく知らなかったか、まだよくは知らないという人には、本書が魅力的な案内になれば幸いだ。これは非常に興味深く、ときに腹立たしく、しかし確実に急を要するテーマだから。

＊

本書は４部構成になっている。第Ｉ部**「沈黙」**は、ニューヨーク市スタテン島の「計画的撤退」の事例を詳述し、気候変動と、それに対する適応について時おり出てくる「気候変動不可知論」を検討している。

第Ⅱ部**「適応」**は、適応について議論する必要がある理由を説明し、そしてもちろん……適応について論じている。個人、コミュニティ、企業、機関、行政府がおこなっている適応策のほか、野生動物の適応の様子も紹介している。

第Ⅲ部**「変革」**は、さらに深掘りしている。「深い適応（ディープ・アダプテーション）」の概念、「変革的適応（トランスフォーマティブ・アダプテーション）」の出現、気候変動がとんでもなく悪化したらどうなるかを検討している。

第Ⅳ部**「さまざまなストーリー」**は、気候変動に関する、特にイギリス国内の〈安心のストーリー〉を取り上げ、ストーリーを正確に伝えることが適応にとっていかに不可欠かを論じている。

I

沈　黙

「母なる自然は、今年、あるいは来年も、大目に見てくれるかもしれない。だけど、そのうちに考えを変えてぶん殴ってくる。覚悟しておかないといけない」

——ジェラルド・リベラ〔アメリカのジャーナリスト、元トークショー司会者〕

1　嵐のあとの静けさ

破壊力の大きいハリケーンやスーパーストームがほぼ毎年のように北米を襲うようになっている。サンディ、カトリーナ、イルマ、ハービー、マリア、ゼータといったハリケーンによってアメリカ人の意識は変わってきている。多くの人々にとって、壊滅的被害をもたらす異常気象はいまやそこにある脅威にほかならない。スーパーストーム級のハリケーンは、もはやかつてのように「100年に1度」のものではなくなっている。

2012年10月22日、カリブ海上空で熱帯性低気圧が発生。その後数日かけて北東へ進み始め、北米東海岸の数百マイル沖を移動しながら勢力を拡大したのが、ハリケーン・サンディである。ハリケーン・サンディは、北米大陸の上空に近づくにつれ、ほかにも複数の暴風雨を伴うようになり、もはやハリケーンではなく、スーパーストームに変化した。10月28日には東海岸沿岸地域に上陸し、アトランティックシティなどニュージャージー州を襲いながらさらに北上を続け、スタテン島などニューヨーク市を襲った。その影響は破壊的で、風雨でできた鉄球さながらだった。ある住民はこう語っている。「ナイアガラの滝が横なぐりで襲ってきたような感じでした」[20]。

この章では、スタテン島に焦点を当て、巨大ハリケーン・サンディ後の復旧の様子を見ていく。この島で起きたことは、気候変動への適応がどのように展開していくかを知るうえでたいへん興味深い。また、適応とその必要性を前向きに認めるかどうかという、より大きなストーリーの意味で、一種の教訓にもなる。

スタテン島の「不可知論的適応」

スタテン島はマンハッタンやブルックリンの南西に位置している。ニューヨーク市5区のなかで人口密度がもっとも低く、治安がもっとも良く、郊外度、白人および共和党支持者の割合がもっとも高い。この島の沿岸部の物件はニューヨーク都市圏でも非常に人気が高い。ゆったりした間取り、広い庭、浜辺に近く、海が見え、しかも都市中心部への通勤圏内だから、住む場所として非常に魅力的だ。ただし、気候変動の影響をもろに受けやすい場所でもある。

ハリケーン・サンディは想像を絶する猛威をふるい、数十万世帯を破壊した。アメリカ東海岸全体で65万戸が全壊または損壊し、さらに数百万世帯が電力や水の供給を受けられなくなったと推定されている。このハリケーンが直接の原因で72名が、さらに、低体温症、一酸化炭素中毒、片付け中の事故で87名が亡くなった。スタテン島も被害を受けた。この島の住民の豊富な資産も政治的影響力も、このハリケーンには敵わなかった。それでもほかの多くの地域と違い、サンディ後のスタテン島には選択肢がいくつかあった。島の住民たちが最終的に選択したものは、あまりすばらしいとは言えないが、興味深いのは――地元の大学教員リズ・コスロフ博士が明らかにしたように――その選択を正当化した理由である。

コスロフは、スタテン島でかなりの時間をかけて、ハリケーン・サンディに対する住民たちの反応を調査していた。地元住民の集会に出席し、さまざまな利害関係者に話を聞いた。コスロフの関心は、島の住民がサンディ後になにをしたか以上に、なぜその選択をしたかにあった。その分析が非常に興味深い[21]。ごく簡単に言うと、ハリケーン・サンディで住宅や財産を破壊された住民が直面した選択肢は2つ、「再建」か「撤退」かである。さしあたっての片付け作業が終わった数カ月後、これがまさに議論になった。ところがまもなく、「計画的撤退（マネージド・リトリート）」（「管理された撤退」「撤退管理」とも）を可能にするためにニューヨーク州が「土地を買い上げる」、という噂が広まりだした。不動産所有者は、この買い上げ計画が実現すれば、ハリケーン前の不動産価格で州に買い上げてもらえる、と考えた。しかも、より安全な内陸部への移転も州が支援してくれるだろう。こうした考えをもとに、ある合意に向かいだしたあたりから、事態は奇妙な展開を見せ始めた。

ハリケーン・サンディの被害直後の2012年11月、地球科学および海洋科学を専門とするオーリン・H・ピルキー名誉教授が『ニューヨーク・タイムズ』紙の社説で、沿岸部からの撤退を強く求めた。ピルキー教授は、海水温度の上昇が原因でサンディ級のスーパーストームが今後さらに頻繁に発生し、さらに甚大な被害をもたらす可能性が高いことを説明し、「より強く、より良くなって戻ってこよう」とする考えかたには遺憾の意を示している。そして、再建への強い思いは理解できるが、「狂気の沙汰」だとし、海面上昇をきちんと理解している海洋学者や沿岸生態学者などの専門家に相談したうえでなにごとも決定するよう、ニューヨーク、ニュージャージー両州の当局者に強く促し、この社説を締めくくっている。ピルキー教授の忠告は明快だった。「もっと再生弾力性（レジリエント）のある土地開発が必要、というのもうなずける。**しかし、沿岸部から撤退し始めることも必要である**(22)」。

ピルキー教授が主張していたのは、気候変動に対する「撤退」というひとつの適応策であり、同意する人々もいたが、期待に反し、嵐のあとの静けさが戻るにつれて議論ではあまり重視されなくなっていった。むしろ、スタテン島の住民や地元議員たちは、計画的撤退に賛成する別の理由を主張し始めた。実際、気候変動以外ならどんな理由でもいいから見つけ出して、土地の買い上げと撤退を実現させようとしているようだった。

コスロフは、「母なる大自然は土地を取り返そうとしている」に基づくあるナラティブが現れ出した状況を観察した。この主張はたちまち支持を得た。スタテン島の住民や地元議員の大半にとって、この議論であれば気候変動の議論とは違って好都合らしかった。そういうわけで、多くの人々にとって、気候変動が原因で今後もハリケーンや嵐が押し寄せてくるリスクが何倍にもなることはほとんど疑いの余地がないにもかかわらず、沈黙の掟のようなものが生まれた。気候変動には触れないことにしたのは、そのことを持ち出すと「土地の買い上げ」法案が成立するチャンスを危険にさらすことになるからだった。

この沈黙を指す新たな表現を、法律学教授のカトリーナ・フィッシャー・クーが２０１４年につくっている。自分たちが適応しているのは気候変動だとは気づかない――場合によっては認めない――まま適応し始めていることを「不可知論的（アグノスティック）適応[23]」と呼んでいる。つまり、偶然も故意もありうるわけだ。コスロフは、自身がスタテン島で目の当たりにしたことは、「故意に認めない」不可知論的適応だと確信している。

＊

ハリケーン・サンディへの対応のしかたを模索していたニューヨーク州知事アンドリュー・クオモ（民主党）は、この「母なる大自然は土地を取り返そうとしている」という主張に強い関心を示した。知事としてなにかしなければならないのは明白だったが、それ以上に、そのための政治的に望ましい理由が早急に必要だった。演説やインタビューで気候変動についてためらいがちに触れていたクオモ知事はすぐに方針転換し、気候変動の話はあまりしなくなり、「母なる大自然は土地を取り返そうとしている」との発言が断然増えるようになった。

　この「母なる大自然」の主張の根底には、スタテン島沿岸部に近い湿地帯における宅地開発に対する長年の反対運動があった。地元住民の複数のグループが、宅地開発を減らすことと水害防止策の改善をずっと主張し続けてきたのは、１９９２年の「ノーイースター」〔発達した温帯低気圧による嵐。命名はされなかった〕による大きな被害がきっかけだった。今回の大型ハリケーン・サンディで、自分たちの警告が正しかったことが証明されたのである。

ハリケーン・サンディ後に高まった、この「大自然へ土地を返そう」運動には、どこか宗教めいたものがあるように思われた。母なる大自然は、人間が無謀にもその（湿）地を「奪った」ことに怒っている高次の存在として扱われていた。ハリケーン・サンディはその「母なる大自然」からの使いであり、「母なる大自然」の湿地を返せとスタテン島住民に伝えている。だから、住民は「土地を返す」ことを決心するようになったのである。

ここでの沈黙という駆け引きについて調査したコスロフの論文が非常に興味深い。背景事情が異なる人々が、なぜ一様に気候変動を口にせず、母なる大自然を口にするようになったのか、その微妙に異なるさまざまな理由を、コスロフは次のようにまとめている。

- 計画的撤退に多くの住民が賛成だったが、それが最善の選択肢という完全合意にまで至らなかったのは、再建を求める住民もいたからだった。気候変動は意見が真っ二つに分かれる問題と捉えられていたため、意見の衝突をなるべく避けて「撤退」派内の調和を維持するには、気候変動に触れないのが賢明に思われた。住民の意見が分かれていると、州政府との話し合いで好都合な結果（計画的撤退）を確実に引き出すのに不可欠な共同戦線が脅かされかねないからである。
- スタテン島のこの地域は政治的には保守的なネオリベラルであり、行政府の介入は一般的に不信感を持って見られ、反対されがちである。しかし何事にも例外はあり、「土地の買い上げ」には興味をそそられる、だから行政府の介入は今回はかまわない、ということに突如なった。そこで、行政府の介入を求めるもっともな理由が必要になった。こうして、宅地開発業者および開発を支持した地元議員を欲深い悪者に仕立てあげ、開発さえしていなければ問題は起こらなかったから、と理由づけた。今回の水害はこの悪者たちのせい、ということになった。母なる大自然から土地を奪ったのも、水害を受けやすい低地を防水コンクリートで覆うことを許可したのも、ほかならぬ「この悪者たち」だからである。したがって、これは特殊なケースであり、すでにおこなわれた不正を正すための介入にはきちんとした理由がある、と。

・これと関連して、気候変動を原因にすれば、政治家その他影響力のある関係者が無罪放免になるかもしれない、という懸念があった。気候変動を強調すると、影響力のある関係者たちは問題を引き起こした責任から逃れられる。つまり、問題解決のための資金を出す責任もない、ということになってしまう。

・このように、過去の悪者のせいにするのをクオモ知事も進んで支持しているようだったが、その理由は異なっていた。気候変動が計画的撤退の重要な論拠となれば、州全域から対象地域を自らの責任で絞り込まなければならず、非常に難しい作業になる。そこで「母なる大自然は土地を取り返そうとしている」というナラティブに焦点を当てるのが、クオモ知事にも好都合だった。母なる大自然が取り返そうとしている土地であれば、気候変動で今後勢いを増すスーパーストームに脅かされる土地よりもかなり狭い範囲で済むからだ。

- 対象地域の絞り込みの問題は、スタテン島住民にも都合がよかった。ハリケーン・サンディで被害を受けたクイーンズなどほかの被害地域の住民と、土地買い上げ用の限られた予算を奪い合うことになるのを心配していたからだ。撤退の理由が気候変動ではなく、特定地域の開発計画のまずさであれば、クイーンズなどのほかの地域住民が土地の買い上げを要求する妥当性はほとんどない。スタテン島は気候変動に適応しようとしているのではなく、過去の洪水対策計画の誤りを正そうとしているのである！
- ハリケーン・サンディ後、環境的公正（environmental justice）を掲げる運動家たちは、ニューヨーク州で（そしてほかのどこでも）恵まれない地域の人々が、気候変動や生態系破壊によってすでに被っている日々の困難への対応に必要な財政および政治的支援を受けられるよう、手助けするための根本的変革の必要性を訴えていた。スタテン島東岸部の保守的でネオリベラルの裕福な住民たちは、環境的公正運動が提案しているような気候変動対策にはたいてい反対である、とコスロフ。つまり、こうした住民にとって、気候変動には触れずに計画的撤退を支持する論拠を見つけられれば、自分たちと相反する政治的見解の圧力団体に協力せずに済む。計画的撤退の議論から気候変動を取り除くことで、環境運動家たちの勢いをそぐことになったのは、思いがけないおまけであり、政治的に保守派寄りのスタテン島住民の、より広い政治的目的に好都合だった。

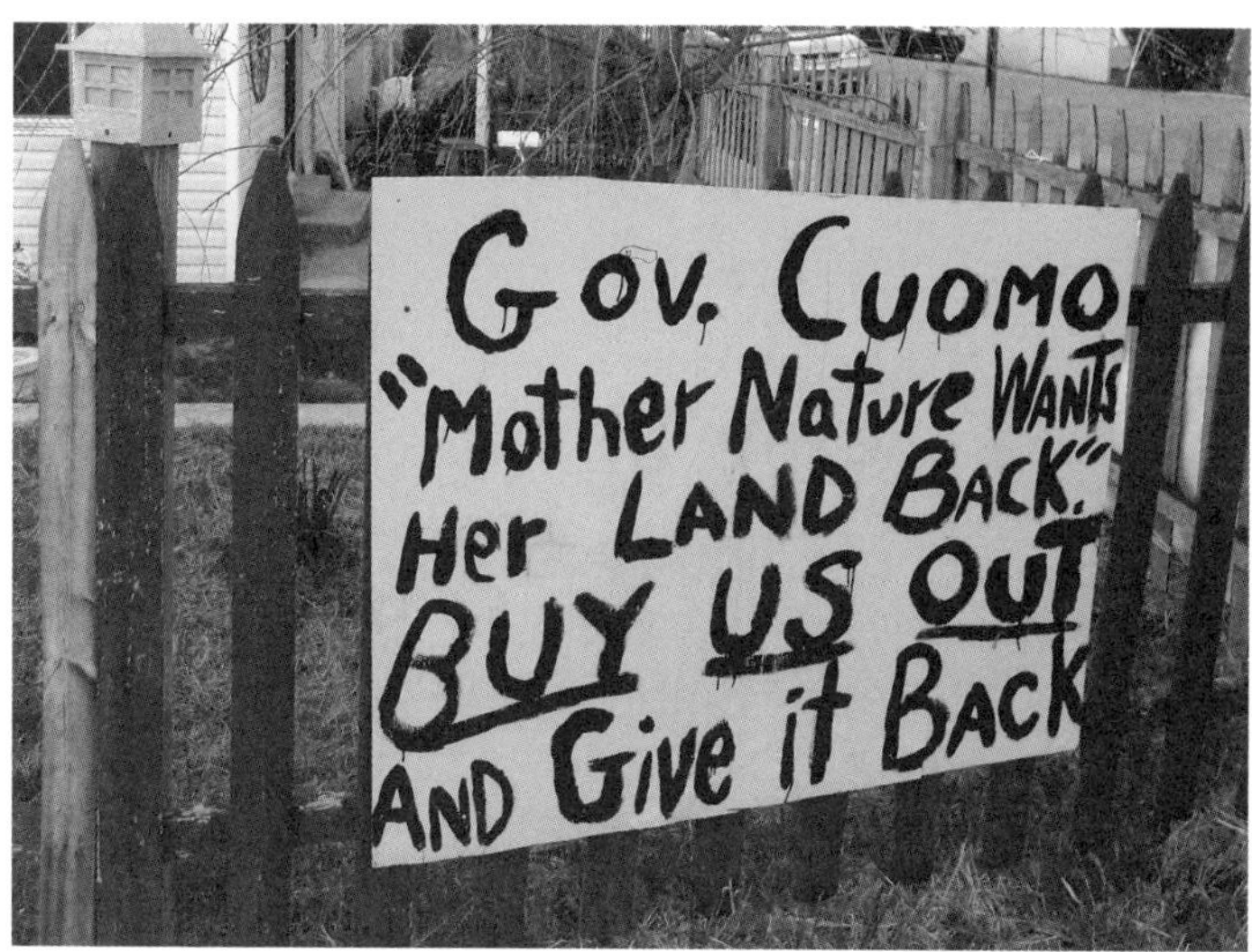

「クオモ知事よ，“母なる大自然は土地を取り返そうとしている.”買い上げをおこない，土地を自然に返せ」

- 気候変動については沈黙を守るのが得策、と考えたのはスタテン島の裕福な住民だけではなく、低所得層の住民もまた、この話題をなんとしても避けたがっているようだった。気候変動に焦点を当てると、炭素税の導入や保険料の値上げ、あるいはもっと抜本的なしくみの改革を求める声につながることを懸念したのだ。コスロフはこう表現している。「いまの〔経済の〕しくみからの先細りしつつある生活保護でしのぎながら、それが徐々に廃止されれば暮らしがもっと立ちゆかなくなる、とも感じていた」

不可知論的適応を正当化しようとするこうした説明のなかには、まだ理解しやすいものもある。月末になると常にかつかつの状態では、新たな税の導入への不安は大きいだろう。所得格差が大きい社会では、貧困ラインすれすれか下回っている人たちが、生活費の上昇を行政府から押しつけられることに深刻な懸念を示すのも当然だ。一方、コスロフが聞き出した、沈黙を守るそのほかの理由はもっと厄介である。政治的現実主義をしぶしぶ受け入れている、というものから、あからさまに利己的なものまで、さまざまあった。

スタテン島における計画的撤退はすでに始まっている。海に面したオークウッド・ビーチ地区は大部分が放棄されたままだ。以前ここに住んでいた人々は、土地の買い上げで得たお金で内陸側に住宅を購入した。かつては住宅、道路、公園、プールなどでにぎやかだったところに、いまは木々や草花が生い茂り、野生動物が生息している。オークウッド・ビーチ地区はゴーストタウンとまではいかないが、母なる大自然は確かに土地を取り返し、スタテン島はいま、気候変動に対するレジリエンスをほんのわずか増している。この事例から学べることはいろいろあるが、気候変動について議論されているストーリー（そして議論されていないストーリー）を映し出すものとしても参考になるだろう。

ハリケーン・サンディのような大きな出来事を分析し、そうした壊滅的な被害から地域社会が復旧していく様子を調べる際、忘れてはならない重要なことがひとつある。ニューヨーク市では復旧が現に可能なのは、対応する手段がいろいろあるからだということだ。

異常気象で被害を被っているほかの多くの人々にはそうした手段がない。たとえばモザンビークは、2019年の3月と4月の2回、壊滅的な熱帯性低気圧（サイクロン）に直撃された。イダイとケネスである。その2年後、まだ10万人近くが避難生活を余儀なくされて定住できていないなか、今度はサイクロン・エロイーズに襲われ、さらに多くの避難や混乱を引き起こし、多くの命が失われることになった。(23)

コラム

対応する手段のない国や地域

災害に襲われても、アメリカ政府なら迅速な復旧能力があるはずだが、もちろん、いつもそうとはかぎらない。ニューオーリンズでのハリケーン・カトリーナの被害の甚大さを見ればわかるように、アメリカ政府は莫大な富を抱えているにもかかわらず、その政府援助は期待されているほど迅速でも、人道的でもなかった。今後も、災害中も災害後も、何千何万という人々の期待にものの見事にそむくかもしれない。ハリケーン・カトリーナがニューオーリンズを襲ったときの、アメリカ政府の米国民への扱いは恥ずべきものだった。不平等は国と国とのあいだだけでなく、一国のなかにも存在する。スタテン島の住民には復旧する手段があったが、ほかの多くの人々にはその手段がない。

沈黙の影響

ハリケーン・サンディの後のスタテン島では、気候変動の話をするのがタブーになった。住民たちは、気候変動の重要性、あるいは意思決定プロセスにおけるその役割を公然と認めるのを慎重に避けたのだった。

温室効果ガスをこのまま排出し続けることの危険性を無視したり、一笑に付したり、反論したり、過小評価したりすることに人生をかけてきた気候変動否定派にとって、沿岸部から内陸部へ撤退するのは、気候変動に対する懸念があるからだと認めるなどありえなかった。認めたらどういうことになるかよくわかっていた。メンツを失って恥ずかしい思いをすることになり、自分たちのアイデンティティの根幹が揺らいでしまうし、政敵をつけ上がらせることにもなるからである。

気候変動を「信じている人々」も、この撤退は気候変動とは関係がない、と「否定派」自身（そして世間）に思わせておくほうが、より現実的だと考えた。気候変動に触れないほうが政治的に都合がよかった。計画的撤退の主張に必要なのはほかの根拠であり、気候変動以外ならどんな根拠でもよかったのだ。

それもひとつの戦略であるのは理解はできるが、スタテン島で気候変動を「信じている人々」は、気候変動についてあえて沈黙することに同意した結果、実際には否定論を助長するだけでなく、不可知論のほかのマイナスの影響にも加担することになった。これはスタテン島のオークウッド・ビーチだけの問題ではない。全米の沿岸地域にある多くのコミュニティが、海面上昇、ハリケーン、スーパーストームの危険にさらされているのである。ほかの沿岸部に家がある人たちは、オークウッド・ビーチの例を知ればもちろん同情するだろうが、うらやましい面もあるのではないだろうか。被害規模が自分たちとくらべてかなり大きかったとはいえ、土地の買い上げで、ハリケーン・サンディによる破壊的打撃が和らげられた、と捉えるだろう。

ところが、気候変動には触れなかったか、撤退を主張していた人々が控えめにしか言及しなかったために、スタテン島をひとつの事例として繰り返し伝えていく運動には、本来あるべき勢いがない。これこそが、スタテン島住民のストーリーのマイナスの側面だ。スタテン島で起こったことは気候変動が原因の撤退であって、ほかでもまねられる例である、と指摘する選択肢がなくなってしまう。つまり、スタテン島が前例である、という主張ができない。それができれば、アメリカ政府にこう問えるはずだった。オークウッド・ビーチには気候変動による災害リスクがある、と判断されたのなら、自分たちのコミュニティにも撤退に必要な支援があってもいいのではないか、と。ところが、そう問うことができない。スタテン島の計画的撤退は――公式には――気候変動が原因ではないからである。スタテン島の住民は「母なる大自然に土地を返した」にすぎない。

こうしたことが、「故意の」不可知論的適応をまったく厄介なものにしている。自分自身の利益を守るためだけに、（気候変動を「信じている人」も「否定派」も）気候変動を意思決定における一要因とは認めようとしない、議論しようとすらしないことが、ほかの人々に悪影響を及ぼしている。スタテン島における計画的撤退は気候変動への一適応策であることが明白なのに、そのようには決して語られることのない適応事例になってしまった。

＊

気候変動に適応する一手段として、計画的撤退のための支援を緊急に必要としている世界中のすべての人々のためにも、スタテン島住民の不可知論的適応に腹を立てて当然である。しかし、気候変動関連の環境運動に携わる者として、わたしたち自身も、気候変動に対するスタテン島住民のように、適応に関して不可知論者になってしまっていないか、よく省みる必要があるのではないだろうか。

- 世界中ですでに起こりつつある気候変動への適応をきちんと把握しているか。
- そうした適応の様子をきちんと伝えているか。
- 気候変動の影響をもっとも受けやすい人々が適応できるようにする計画への、さらなる投資、もっと迅速な投資を関係機関に働きかけているか。
- 適応のさまざまな前例を示しているか。
- 実施されている適応策が、近隣コミュニティや将来世代にもたらすドミノ効果を無視した利己的なものにならないようにしているか。
- それとも、黙ったままでいるのか。

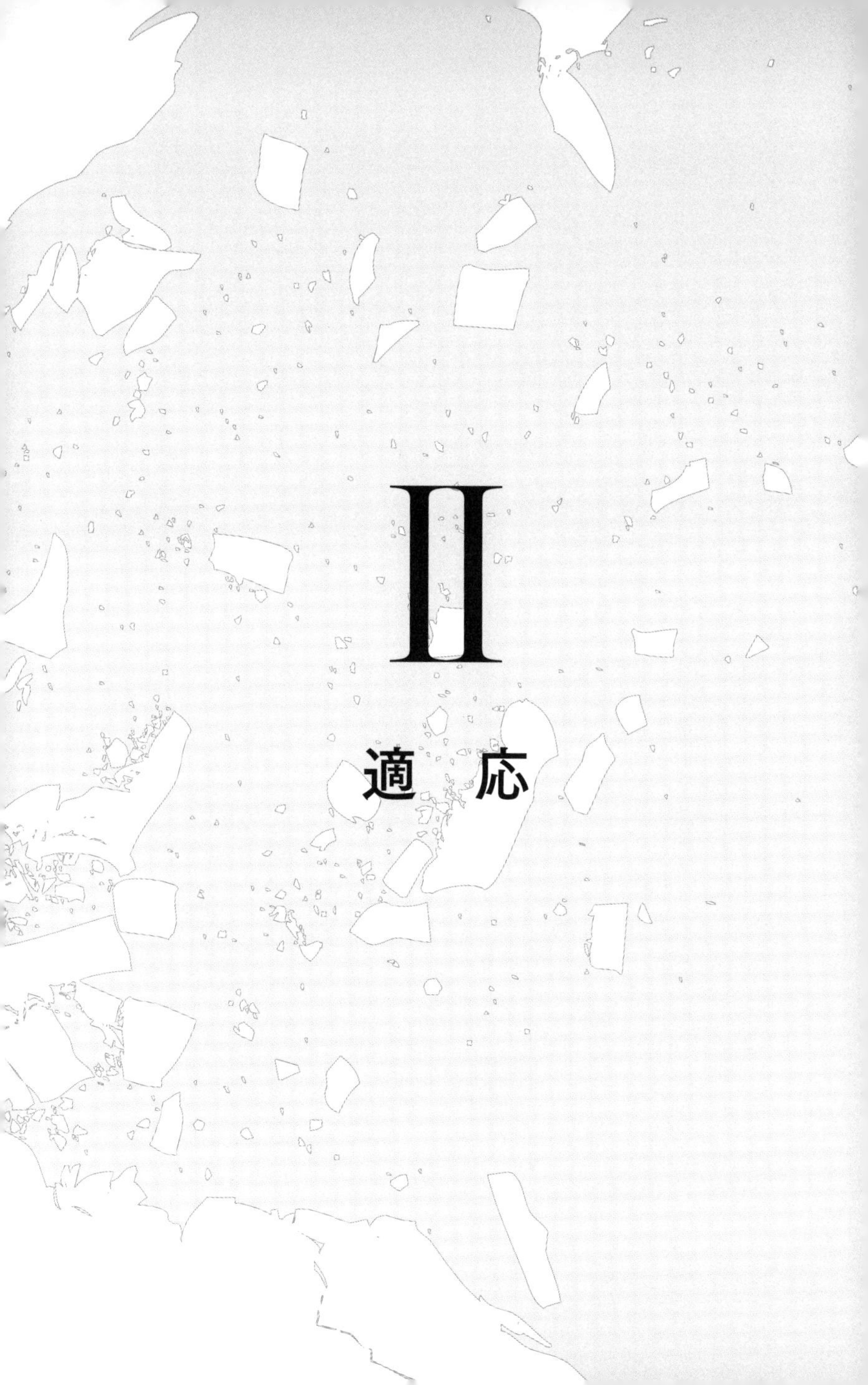

II

適応

わたしたちはウォリック郡のごく普通の住民グループです。今回の「気候変動」調査に参加するため、無作為に選ばれた多種多様な住民で構成されています。それぞれ立場は異なりますが、ある共通認識に至りました。それは、わたしたちはいま気候非常事態にある、というものです。いますぐ団結し、緊急に行動しなければなりません。専門家たちに話を聞き、自分たちでも話し合いを重ねるうちに、いますぐ行動する重要性を認識するようになったのです。わたしたちは専門家ではありませんし、この勧告事項すべてを即座に実行するのは100パーセント可能ではないかもしれないことも認めています。それでも、わたしたちが特に注目している地域にある、ウォリック郡評議会はもちろん、地元のすべての団体や機関に対し、この勧告事項を一種の義務としてできるだけ前向きにとらえ、わたしたちが直面しているこの気候非常事態に対応するよう求めます。

これは住民全員の問題であり、全住民に行動する役目があります。わたしたちは小さな住民グループのひとつにすぎませんが、集まって話し合うことを通じて、アイデアや熱意にあふれるグループになっています。郡評議会やほかの機関には、わたしたち住民やコミュニティのエネルギーや熱意をぜひとも活用し、この非常事態に対応してもらいたい、と考えています。気候変動に対応して、わたしたち全員がなにかしらを変えなければなりません。みなさんの協力が必要なのです。

そのための解決策はすでにいろいろあるはずですから、あとは実現あるのみです。前例が見つからなければ、わたしたちが前例になればいいのです。

郡評議会ほか機関は、あらゆる機会をとらえて、この郡の全住民に働きかけるべきです。これを実現させ、枠組みを整え、報告義務（担当者を指名）とチェック体制（パフォーマンス指数）を設けて、みんなで進捗状況を確認できるようにすべきです。

これは非常事態なのです。

——英ウォリック郡住民による気候変動調査メンバーの共同声明(25)（２０２１年）。

2　適応について議論すべき5つの理由

適応の話をするのが賢明かどうか疑っている人は、緩和のほうが重要だと考えている（あるいは、スタテン島のように自分の土地も買い上げてほしい）からかもしれないが、適応のストーリーは緩和のストーリーと対立するものではなく、その必要もないことは覚えておいてほしい。緩和が適応を容易にし、適応が緩和を容易にする。つまり、両輪なのだ。炭素排出量の削減、森林の保護、社会的平等および経済システムの新たなモデル開発、こうしたものが緊急に必要なのは、緩和のストーリーにも、適応のストーリーにも、言えることである。

本書は、緩和やほかの主な社会運動や環境運動に欠かせない仲間として、適応を提唱するものだ。どう捉えようと適応していくことになるし、もうすでに適応は起こりつつある。いま緊急に必要なのは、緩和の取り組みやほかの運動の前進を妨げるやりかたではなく、推進させるやりかたで、適応を可能にすることである。それにはまず、適応について、そして、似て非なる誤適応について、議論することがきわめて重要になる。本書が促しているのもそのことだ。適応について沈黙しているわけにはいかない。

適応がどんどん起こっているのに気づかないままでいるわけにはいかない。

＊

気候関連運動団体が適応について不可知論者を決め込んだままでいたり、さまざまな適応のストーリーをきちんと伝えていなかったりすると、少なくとも次の４つのことが起こりうる。

(1)　適応を、世界でもっとも影響力のある意思決定機関の議題に取り上げてもらうのに苦労するようになる。そのため、気候変動の直接の影響ですでに苦しんでいる人々が適応を必要としていることを聞き入れてもらえなくなる。気候危機――すでに苦しんでいる人々の大半は、その危機の原因にまったく関与していない――に適応するために必要な手段を求めるロビー活動も引き続き見過ごされたり、軽んじられたりすることになる。影響力のある人々が際限のないテクノクラシーや自分たちの適応を気にかけているあいだにも、こうした人々は苦しみ続けることになる。

(2)　適応があまり議論されない、あるいは議題にも上らない状態が続けば、適応がまったくおこなわれず、多くの人々が命を落としたり極端な回避行動を強いられたりするようになるか、生存本能が頭をもたげ、場当たり的で不十分な、計画性のない誤適応がおこなわれるかのいずれかになる。

(3)　適応があまり議論されなくても、適応するための手段がある人々はそれでも適応していくだろうが、そのやりかたまで配慮しているとはかぎらない。監視も説明責任もほとんどない状態では、自分本位なやりかたで適応しようとする衝動（そして機会）が大きくなる。スタテン島に見られるような不可知論的適応がさらに広がる可能性が高い。また、エアコンの稼働、水害防止の建造物、消費者資本主義の死守などのために、世界中の天然資源を使ってもお咎めなしの前例が増えるのも明らかだ。

(4) 適応の手段も、よく考えた公正なやりかたでおこなう配慮もある場合でも、やはりうっかり誤適応となってしまう可能性もある。浅はかな、あるいは意図しない結果につながりやすい適応策を採用してしまうかもしれない。適切な情報、研修、最善の事例（ベストプラクティス）などにアクセスできていない、あるいは、画期的な適応策をスケールアップすることで得られる経済的メリットを知らないからである。

危険性はほかにもある。気候危機問題のムーブメント全体が適応について論じなければ、ほかのムーブメントが適応の議論を主導するようになり、それは不公正かつ望ましくない結果につながる可能性がある。

(5) というのも、適応のナラティブにもいろいろあるからである。漸進的（インクリメンタル）なプロセスだという人もいれば、一種の変革だという人もいる。気候変動への順応の動きだという人もいれば、気候変動への抵抗の動きだという人もいる。適応の責任は個人またはコミュニティにあるという人、いや、国や国際機関がなんとかすべきという人もいる。こうした見かたのいずれもわたしたちの共通認識としてはまだ根づいていないが、用心しなければならない。最終的に主流となるナラティブが、今後数十年間にわたって出てくるさまざまな適応のかたちに大きな影響を与えるようになる。気候変動への適応について語られるストーリーが、適応の概念はもちろん、そのおこなわれかた（住民に対して住民の代わりにおこなわれるのか、あるいは住民とともに住民によっておこなわれるのか）も方向づけるからである。ストーリーには大きな力があるのだ。

グレイシャー・トラストは適応を、人と人、人と自然界との関係性を一変させる、市民主導の思慮深く意識的な（マインドフル）プロセスのひとつと捉えている。わたしたちは公正な適応、より公平でより環境にやさしい新たな社会および経済モデルへの公正な移行を提唱している。こうした考えかたは、ネパールでの適応を可能にしているわたしたちのプロジェクトにも反映されている、と期待している。

適応がどのような枠組みで提示されているかについては、本書の最終章でもう一度検討する。その影響は非常に大きいが、わたしの目下の目的は適応について実際に議論することにある。次ページから紹介していくのは、気候変動への早期適応者のさまざまな事例である。本能あるいは偶然による適応例もあれば、どういう結果になるかまでよく考えて慎重に計画された適応例も紹介している。そうした手法や結果のなかには、落ち着かない気分にさせられるものもあるかもしれない。しかし、「良い」適応の話しかしない、ということは避けたい。「悪い」「たちの悪い」適応からも同じように学べるし、かえって多くを学べる場合も少なくないからだ。実にさまざまな手法とナラティブがあることがわかるだろう。だれが、だれのために適応しているかが、ざっとわかる。

わたしの一番の目的は、「なに」がおこなわれているに注目してもらうことであり、「なぜ」かということには軽くしか触れていない。そうしたより深い疑問、その適応策が選択されていることの影響への疑問こそ、本書がきっかけとなって出てくることを期待している。環境教育に携わっている仲間の表現を借りれば、こうしたストーリーは刺激材料なのである。

3　どこもかしこもエアコン完備

世界人口の58パーセントが都市部で暮らしている。[26] この割合は今後数十年間にわたり上昇していく。世界人口も増加しているから（ただし増加ペースは緩やか）、いずれ、さらに多い人口のさらに高い割合が都市部で暮らすことになる。２０５０年には、都市部の人口が現在の42億人より大きく増え、約70億人になる。[27]

もうすでに大多数の人々が都市環境で暮らし、気候崩壊の影響を感じている。都会暮らしの人々がどのように対処し、適応するかが、21世紀の気候の話の主軸になるだろう。エアコンは非常に気にかかる問題であり、この章で掘り下げるが、これから見ていく適応策はエアコンだけではない。そういうわけで、まずはグラスゴーの例を見てみよう。

グラスゴーへようこそ

ＣＯＰ26の（イタリアとの）共同開催を任されたイギリス政府は、２０１５年のパリ開催以来もっとも重要なＣＯＰの開催地を最終的にグラスゴーに決めた。待ちに待ったＣＯＰ26、どころではない。グラスゴーでなされる合意や公約が今後数十年間の気候変動対策の方針を左右するのである。その対策は抜本的かつ速やかに実行されるものでなければならない。ここ数年で、適応と緩和のいずれにも励みとなるレトリックが着実に増えているし、環境汚染を引き起こしている主要国のいくつかにも、自国の関与を深めようとする兆しがいくつか見られる。

このように、勢いは徐々に増してはいるものの、早期の抜本的改革や実際の活動が始まると期待している人はほとんどいない。緩和の取り組みが抜本的に拡大されることは――少なくともこの２０２０年中には――ありそうになく、適応の取り組みにいたってはさらに可能性が低い。「国連気候変動枠組条約」（ＵＮＦＣＣＣ）の締約国にこうした抜本的対策を促そうとする傾向がこれまで一度も見られないのは、このお決まりの会合（ＣＯＰ）が、参加者ほぼ全員にとって激しい勢力争いの場となっているからである。クレア・オニールが当時の英首相に宛てた率直な手紙で強く訴えたのもこの点だった（オニールはＣＯＰ26議長の役割を果たす前に、この首相から解任されたばかりだった）。

毎年おこなわれる国連の会議には、議題をめぐる果てしない意見の不一致、だれが資金を出すかでいつまでたっても解決を見ない分裂、適応やレジリエンスへの関心も資金も不十分、という状態がついてまわっています。[28]

オニールの解任は、部外者の大半には不当に思われた。解任したボリス・ジョンソン首相が代わりに指名したのは男性のアロック・シャルマ国会議員だが、気候や環境問題についてのその投票記録から見て、最良の候補者ではなかった。いずれにしても、国連会議のプロセスに対するオニールの苛立ちは真理をついており、会議の舞台裏を垣間見せた稀な場面だった。適応やレジリエンスが優先順位を下げられていることへのオニールの憤りは、こうした課題に取り組んでいる多くの人々が同じように感じている。わたしたちも苦悩しているが、適応への関心のなさには、おそらくそれほど大きな驚きは感じていない。結局、この課題について、気候関連の主な運動から圧力を受けていないも同然である以上、国連や世界の首脳たちが、適応やレジリエンスに十分な関心を向けることを期待できるはずもない。適応は、環境保護団体がキャンペーンをおこなう対象ではないからである。

とはいえ、オニールたちの主張に耳が傾けられつつある兆しもいくつかあり、最近の議論では、適応が以前よりは若干触れられるようになってきている。アロック・シャルマも２０２１年はじめには適応を頻繁に話題にしていたし、いまやボリス・ジョンソンさえもが、気候変動の影響を受けやすい国々が「適応してレジリエンスをつけられるよう」支援する必要性を公けに強調している。[29]

そういうわけで、ＣＯＰ26の議題では適応の優先順位がかつてないほど上がるかもしれない。どの程度優先順位を上げるかはまだわからないが、グレイシャー・トラストとしては過度な期待に酔いしれるわけにはいかない。まだ当分は、適応が緩和の陰に隠れたままである可能性が高いから、積極的に提唱するわたしたちの活動はこれからもまだまだ続く。

*

もし状況が異なり、適応がＣＯＰ26の議題のトップだったら、参加者たちは「クライメート・レディ・クライド（Climate Ready Clyde）」〔クライド川流域の気候変動適応計画。グラスゴーはこの河口にある〕について詳しく知りたがるだろう。これは、グラスゴー都市圏（シティ・リージョン）が気候崩壊の影響に適切に備えることを目指す取り組みだ。ここでおこなわれていることは世界トップレベルで、創造性に富み、ほかの都市でもまねることができる。

グラスゴーは一見、適応計画で世界の先駆けとなるところとしてすぐに思い浮かぶような都市ではない。もっと危険にさらされている都市圏は世界中にいくらでもあるし、イギリス国内だけでもいくつかある。適応に関する先進性は、直面している危険の度合いとそれほど緊密に関係しているわけではなさそうだ。そういうわけで、グラスゴー都市圏が適応を優先するに至った経緯を詳しく知るのは興味深い。

「クライメート・レディ・クライド」の第1回研究会が開かれたのは２０１１年だった。正式に設立されたのは２０１７年で、15の機関（その大半が公共部門）の各代表者によって運営されている。いずれの機関も、グラスゴー都市圏が「気候変動への備え」を万全にすることに関わっている。しかし「クライメート・レディ・クライド」の原点はもう少しさかのぼる２００９年の「気候変動（スコットランド）法」第３条にあり、そこには次のように定められている。

すべての公的機関は、将来の気候変動に対しレジリエンスがなければならない。また、職務や公共サービスの提供をより広いコミュニティに対して滞りなくおこなえるよう、計画を立てなければならない。(30)

つまり、スコットランドの公共機関すべてに、気候変動への適応策を開発して実行する法的義務があるのである。この「気候変動（スコットランド）法」、それに「スコットランド政府気候変動適応計画」を受けて、新たな計画――「適応スコットランド（Adaptation Scotland）」――が立ち上げられた。この「適応スコットランド」を発足当時から運営している「スニファ（Sniffer）」〔探知犬の意〕はエジンバラを拠点とする慈善団体で、その使命は「環境の変化、特に気候変動に対し、もっとレジリエンスの高い社会を実現するために、社会を変え（チェンジメーカー）、知識を仲介する（ナレッジブローカー）」ことにある。(31)「クライメート・レディ・クライド」は、「適応スコットランド」の旗の下におこなわれたスニファの活動の成果だ。

結局、国の方針の良し悪しはそれを実行する人々にかかっているのだ。「自国の適応計画」に基づき、世界中のどの国の公共機関にも、スコットランドの公共機関と同じように、適応とレジリエンスに関する義務があるが、だからといってその義務を果たしているとはかぎらない。地元関係機関、交通機関、医療機関、緊急通報受理機関〔警察や消防など〕ほか、土地管理や文化遺産などに関わるさまざまな団体が、適応に必要な目配りをするのに苦労している。多くの場合、まったくといっていいほど手つかずなのも無理もない。公共機関はどこも緊縮財政のうえに、重複したり相反したりするもっと複雑な課題が山積し、非常に厳しい状況にあるため、適応のような課題が脇へ追いやられがちなのも容易に想像できる。しかも、適応を増やそう、よりよく適応しよう、という動きが皆無に等しい状況では、選出議員や公共機関のトップにとって、住民やメディア、あるいは主な環境ＮＧＯからでさえ、喫緊の課題だという圧力の高まりを感じるテーマであるはずがない。

こうした状況で意義ある行動につなげるには、特別ななにかが必要になる。そうでないと、地味でぱっとしない——しかし重要度の高い——適応のような課題には光が当たらない。つまり、スニファのような組織が備えているウィット、情報力、創造性、粘り強さが必要になるわけだが、これは本来なら必要ないはずのものだ。「クライメート・レディ・クライド」で開発され、実行されているような気候変動対策は、イギリスのすべての都市圏でできるはずなのだ。

＊

「クライメート・レディ・クライド」の存在は心強い。ほかの都市圏が計画策定する際の青写真となる。「クライメート・レディ・クライド」のウェブサイトには、これまでの詳しい経緯が掲載されている。すでに「２０２０～２０３０年グラスゴー都市圏適応戦略と行動計画」に新たに着手している。[32] この計画は、公共機関、企業、その他ステークホルダーからなる協力ネットワークをつくり、慎重な協議を何度も重ね、多くの調査をおこない、気候変動のリスクだけでなく、そこに潜在する機会の包括的アセスメントをおこない、数年がかりで作成された。このアセスメントは、気候崩壊の脅威——嵐、洪水、熱波、干ばつ——だけでなく、肯定的な可能性にも焦点を当てている。「クライメート・レディ・クライド」の委員長ジェームズ・カランがその点を次のように述べている。

いいこともあります。気候変動に適応することで、雇用の維持、経済的繁栄、福祉の向上につながるのです。グラスゴー都市圏が今後何世代にもわたり、生活と仕事の場としてすばらしいところであり続けるようになります。(33)

このアセスメントでは、こうした「潜在的機会」の要素がきわめて重要だった。「クライメート・レディ・クライド」チームは、人間には進歩したい気持ちが生まれつき備わっていることをよく理解している。だからこそ、発信するどのメッセージも未来を重視したものになっている。この「適応戦略と行動計画」を見れば、グラスゴー都市圏がほかの多くの都市圏より進んでいることがわかる。気候変動が今後どのようになろうと対応できる準備を整えている。つまり、地球の平均気温が産業革命前より1℃高くなろうが4℃高くなろうが、グラスゴーはほとんどの都市圏よりも備えができているのだ。

涼んでる？

少し南へ向かおう。２０１９年の夏、イギリスで長引いている熱波の影響で、卓上扇風機、アイスクリーム、ペット用冷却マットの販売が急増している、と英紙『ザ・サン』が伝えた。[34] 気温は連日30℃台半ばに達し、7月25日には、ケンブリッジ大学植物園が38・7℃の最高気温を記録した。イギリスがこれほど暑くなったのは初めてである。[35]

タブロイド紙記者の御多分にもれず、『ザ・サン』紙のヘレン・ナップマン記者も、イギリスが汗まみれで苛立っている様子のツイートに飛びついていた。それに、パニック買いのストーリーに食いつかない人などいない。ナップマン記者によると、[36] 卓上扇風機の売上が前週と比較して、家電量販店カリーズＰＣワールドで２００パーセント増、百貨店ジョン・ルイスで１２０パーセント増（「毎分6台のペースで飛ぶように売れた」）、オンライン家電量販店ＡＯでなんと５９１パーセント増だった！　もちろん、タブロイド紙に書かれていることをすべて信じるわけにはいかないが、少しでも涼むための消費財の売上が大きく伸びたのは確かだ。なるほど、その数週間後には、壊れた卓上扇風機の不法投棄が増えただけでなく、アイスクリームの包み紙も街中のいたるところに散らかっていたわけである。いったいどれだけの乾電池が捨てられたのかは知るよしもないが、おびただしい数のプラスチック製小型扇風機を連日休みなく回し続けるには、相当な数の単4乾電池が必要になる。

ここまで暑いと、人間だけでなく、ペットも体調を崩す。そこで、「携帯用ミストファン」[37]や「ペット用携帯ベッド」[38]が突如として欲しくなる人情につけ込む絶好のチャンスが見逃されるはずもない。公平のために言っておくと、暑さで参っている客の役に立とうとした企業もあった。たとえば、カリーズPCワールドは騎士道的精神を発揮し、機種によっては扇風機を半額に値下げした。[39]

＊

気温が30℃台半ば以上になるのはイギリスではまれなことだ。熱波はもう目新しいものではなくなったが、２０１９年７月に経験したような暑さにイギリス人はまだ慣れていない。したがって、その適応策も、予想してのものではなく、場当たり的なものになりがちである。つまり、わたしたちイギリス人の多くは備えを怠り、直感で判断しているのだ。

一方、フランスでは、強烈な熱波はそれほど珍しいことではなく、フランスの各都市も国民も、イギリスよりは備えている。それでも２００３年の熱波は、フランス全土に大打撃を与え、１万４８０２人が命を落とした。この年の夏は国レベルでも地方自治体レベルでも、フランスの行政府にとって忘れがたい強烈なものとなった。その後は、フランス国民をまた同じような目に遭わせるわけにはいかなかった。いまでは、フランスの関係機関や国民には適応戦略や対抗策がいろいろあり、見習うべきものがある。それでも、まだ進行中の取り組みといって差し支えないだろう。

イギリスが熱波に襲われていた２０１９年７月、パリでは気温が40℃を超えていた。パリ市民は汗だくだったが、なんとか対処できたのだろうか。ゴンゾー・ジャーナリズム〔客観性よりも主観性を押し出したセンセーショナルなスタイル」は割り引いて読むべきとはいえ、この年の7月のある1日をパリの熱波計画に従って過ごした様子を記したメーガン・クレメントの記事を読むと、パリが猛暑にうまく適応している様子が垣間見られて興味深い(40)。

クレメント記者はオーストラリア人だが、その年はパリで暮らしていた。7月に熱波が襲ってくると、パリ当局が公表しているアドバイスに試しに従ってみて、その様子を記事にし、英タブロイド紙『ガーディアン』へ送ることにした。同記事は、クレメント記者が住んでいるパリ20区のアパートの様子から始まっている。20区はパリ東部にある前衛的でヒップな地区で、エディット・ピアフがかつて住んでいたり、ブドウ園もあったりで、要するに20代のフリーランスジャーナリストがいかにも住みそうな地区である。ちなみに、週刊新聞『シャルリー・エブド』もここを拠点にしている。

クレメント記者がまず従ったアドバイスは単純明快で、鎧戸を閉めること。これで室内温度が上がりにくくなる。カーテンも閉めるとなおいい。窓も閉めておいたほうがいいが、それは室内温度が外気温より低い場合に限られる。もちろん、厳密なものではなく、すきま風でも入ってくれれば、涼しくなる場合もある。

パリ保健所は、室内でなるべく涼しい場所を見つけて熱波をやり過ごすよう勧めている。1日のうち少なくとも3時間は室内で過ごすようアドバイスしているが、パリ中心部のアパートの室内で暑さをやり過ごせるのは朝方だけかもしれない。ところがクレメント記者は、蒸し暑くて寝苦しい夜が明けると、アパートにとどまっているつもりはなかった。飼い犬も同じだ。鎧戸は閉めたままにし、ささっと散歩

ペット用サンラウンジャー

するために出かけた。歩道が熱くなりすぎないうちに散歩しなければ。犬の足裏は敏感なのだから。

室温を下げるにはどうするか。エアコンをがんがんかける。家にエアコンがなければどうするか。パニック買いする。エアコンを買う余裕がなければどうするか。高級ホテルなどのひんやりしたロビーにもぐり込む。これが、クレメント記者が飼い犬とともに次にとった行動で、そこでたちまち突きつけられることになったのが、気候崩壊の不平等の、ちょっとした一例だった。

クレメント記者は、このロビーにいる人たちが前夜、エアコンで18℃に保たれた客室で快適に過ごしていたことを思った。もちろん、宿泊客に罪はない。記録的熱波のさなか、パリでホテルにでも泊まっていれば、エアコンをつけずに我慢することなどまずないだろう。それでもやはり、そのロビーで見かけたある女性に腹を立てたクレメント記者にも敬意を表する。その女性はなんと、スカーフをまとっていたのだ！　同記者は場所を変えた。はらわたが煮えくり返っているから、どうしたって体温が上がってしまう。

クレメント記者が従っていたアドバイスの大半は、要するに、「涼みどころ」探しとでも言えるものだった。同記者はバスや地下鉄の車内のオーブン並みの熱さに耐えながら、計922カ所ある「涼みどころ」のいくつかを訪れた。パリ当局の公式アプリ「エクストレマ（Extrema）」の地図に、木陰のある公園、緑地、図書館、教会、噴霧器の臨時設置場所などが示されているのである。

パリが採り入れた新機軸のひとつに、アメリカ西海岸で始まった「クールルーム」というものがあり、クレメント記者は次にここへ向かった。クールルームと並行して始まった「シャレクス（Chalex）」は、暑さで参っている人がいないか電話で確認するサービスだ。このサービスに登録すると、電話で定期的に様子を確認してもらえるほか、居場所が極端に暑くなる場合は、役所のエアコンのきいた会議室へ連れて来てもらえる。パリ行政府が提供しているのは、こうしたクールルームの「涼み」だけでなく、冷たい飲み物やおしぼり、暇つぶし用の新聞や雑誌もある。同記者が訪れたクールルームには可動式の小型エアコンが1台設置されていたが、外気温が42℃の中では室温を十分には下げきれずにいた。

クレメント記者はその後、コンビニへ飛び込んできんきんに冷えた缶ジュースを顔に押し当ててみたり、屋外プールでひと泳ぎしてみたり、エアコンのきいた例のホテルに戻って軽食をとったりして、最後は真夜中の公園を散歩した。夏の数カ月間、パリでは多くの公園が24時間開園している。さて、クレメント記者はパリの公式アドバイスをどのように総合評価しただろうか。

わたし自身は健康であり、ある程度自由に行動できることも十分自覚している。パリ市民の多くはそうはいかない。気温が何℃であろうと、毎日やるべきことがあり、街なかを動き回らなければならない。熱波の真っ只中でも、一日中外にいなければならない人たちもいる。パリ市は、公式アプリ、涼みどころ、安否確認サービスなど、住民支援のためにさまざまなことをおこなっている。しかし、わたしの一日体験でなにか言えるとすれば、各種研究調査がずっと以前から指摘し続けてきたことに現実が追いつきつつあるらしい、ということだ。急激な気候変動の影響はすでに目の前にある。なのにわたしたちは準備ができていない[40]。

エアコン完備の歩道

さらに南へ（そして東へ）向かうと、パリのような大都市や、もしかしたらグラスゴーのような中規模都市でさえ、20〜30年後には「涼」を求めておこなっているかもしれないことの片鱗がうかがえる。カタールの首都ドーハは、世界でも有数の高気温都市だ。最高気温はなんと50・4℃を記録し、その平均気温上昇はすでに2℃に達しているだけでなく[41]、さらに上昇し続ける傾向が見られる。今世紀末までに、産業革命前の平均気温より3℃から5℃高くなる可能性がある。これは適応の観点から見ると難題を突きつけている。

ドーハの対応がまもなく世界から注目されることになる。2022年に男子サッカーワールドカップがカタールで開催される予定だからである。なぜカタールなのか、その理由を分析するとそれだけで本が一冊書けそうだが、とにかく、通常なら夏至のあたりに開催される日程が、若干涼しくなる11月へすでにずらされている。無事に開催し、選手と観客を暑さから守る、このことが、「涼」の課題に世界の注目をかつてないほど集めている。〝幸い〟と言えるかどうかは見方によるのだが、カタールには化石燃料エネルギーがふんだんにあるため、スタジアムやホテルはもちろん、ありとあらゆる場所にエアコンを完備できるらしい。そういうわけで、新たに建設されるスポーツ競技場のどの観客席も、足元からエアコンの涼風が噴き出るようになるばかりか、エアコンを屋外にまで設置し、歩道、オープンカフェ、屋外ショッピングモールを冷房しようとする流れもどんどん広がり始めているようだ。

エアコンの屋外設置がドーハで当たり前になれば、中東の産油国のほかの都市でもそのうちに当たり前になることが予想される。そうなると、次は南欧で、そしてアメリカ、オーストラリアで、そして世界中のほかの豊かな都市や地域で当たり前になるのではないか。化石燃料を使用したエアコン完備の歩道、これは気候変動に対する大規模な誤適応である。

繰り返すが、こうした誤適応をばかにするのは簡単だ。しかし、現におこなわれている以上、とりあげて注目してもらう必要がある。誤適応がなぜおこなわれているのかを理解することも、話し合いや改善のために必要なのだ。非難するだけならだれにでもできる。この事例は、格段に裕福なひと握りの人々の退廃以外のなにものでもない、とは言いきれない。屋外エアコンのおかげで、屋外で食事をしたり人に会ったりすることがドーハで一年中可能なのは、ガスヒーターのおかげで真冬の屋外ビアガーデンを欧米北部で楽しめるのと同じことである。気候変動が激しくなるにつれ、普通の暮らしをある程度は維持したいという衝動は、カタールのような砂漠の国々では高まる一方だろう。その気持ちは想像に難くないし、ドーハの人々が屋内でしか暮らせなくなるのを恐れるのは当然だ。カタール系アメリカ人アーティストのソフィア・アルマリアが、すでに2012年にそうした懸念を表明している。

世界環境の次の崩壊で、人類がなんとか暮らしていけるのは完全に屋内だけになります。ペルシャ湾岸諸国の例は、これから起こることの予言なのです(42)。

アルマリアの言うとおりかもしれない。それに、純粋に人間らしさの観点からも、エアコンのきいた室内に囚われの身となるかもしれないなんて、なんとも寒々しい。これを読むと、エアコン完備の歩道はそれほどばかげてはいないようにも思えてくる。気候変動のせいで屋内避難生活に追いやられ、それを耐えがたいと感じるのは、まさに人間だからこその帰結だ。閉じ込められて喜ぶ人はほとんどいない。それに、そのような状態は人と社会にとって最悪である。

さらに南へ、そしてさらに東へ向かい、オーストラリアへやってくると、甚大な被害をもたらすブッシュファイアで知られるこの国もまた、ドーハに似たようなやりかたですでに適応しつつあることに気づく。ここでは「どこもかしこもエアコン完備」を一種のスローガンに、ますます長くなる夏の猛烈な熱波に対し、都市部が適応している。「市民に涼を（Cooling the Commons）」は、西シドニー大学の設計者（デザイナー）と人類生態学者からなるチームが運営しているプロジェクトで、気候変動、さらにいえばエアコンが、気温の高い都市での暮らしにとって何を意味するかを探り始めている。

この「市民に涼を」プロジェクトチームは、エアコンがどんどん普及していくことで気候変動にもたらす影響も調べている（パンフレットを制作し[43]、「気候変動に加担せずに涼しく過ごす方法（*how to stay cool without contributing to climate change*）[44]」について実用的なアドバイスを広めている）が、一番の関心は、その社会的な影響にある。同チームがおこなったさまざまなインタビューやフォーカスグループの調査結果を見ると、エアコンがわたしたちの暮らしかたを変えつつあることがわかる。シドニーほかオーストラリア各地で、エアコン完備が標準であることを前提として新築住宅が設計されているケースがますます増加している様子が報告されている。しかも、そうした前提で設計されているのは住宅だけでなく、車や公共交通機関でもエアコンが広く利用されるようになり、そのことが地域や都市全体の設計のしかたを変えつつある。エアコンのついた車で快適に移動できる人が増え、これまでより長い通勤時間も可能かつ一般的になれば、住まい、職場、商店、娯楽施設のロケーションに影響するからだ。

このように、エアコンの普及が都市部の景観を造ったり造り直したりしている。土地が車道や駐車場にあてられるようになり、社会生活の場の屋内化、個別化が進む。都市が人間中心ではなく、ますます車中心になる。つまり、車道が増え、遊歩道、歩道、自転車道などが減っていく。すると、一種の自己充足的予言になる。散歩やジョギング、自転車、キックスケーター、スケートボードを楽しむことが安全でも快適でもなくなっていき、そうした活動が選択されにくくなる。こうして需要が明らかに減れば、車優先の政策を正当化しやすくなる。これと同じように、社会生活でも住まいでもエアコン完備の屋内空間が増え、そのほうが魅力的になるにつれて、投資もそちらへ流れるから、屋外空間の供給が——したがって需要も——減るようになる。つまり、気温が上昇してエアコン完備が標準化するにつれて、人々は屋内の「涼」という快適さへ逃げ込み、そこから動かなくなる。こうして「22℃世代」が誕生する。

気候変動によって屋内に押し込められ、エアコンによって屋内に留まらされているのであれば、この「22℃世代」は、ドーハでソフィア・アルマリアが表現した孤立の不安に苛まれつづける恐れがある。どうすれば、気候変動に対して思慮深く適応し、エアコンのきいた室内という個別化された空間から抜け出せなくなるのを避けられるのか。これは、建築や工学の専門家だけの課題ではなく、心理学や人類学の専門家、それに政治家の課題でもある。「居場所(ホーム)」の定義拡大が役立つかもしれない。

「市民に涼を」プロジェクトチームの研究結果の重要な結論のひとつは、気候変動のせいで屋外にいることが耐え難くなるにつれて、「居場所（ホーム）」の意味をみんなで考え直す必要があるだろう、というものである。「居場所」は自分が住んでいる家だけでなく、普段よく行くカフェ、バー、クラブ、通り、公園、また、自分がそこの一員だと感じる地区・街・都市・国も含めて捉える必要があるかもしれない。

パリの「クールルーム」は、猛暑をしのぐ「居場所（ホーム）」でありながら共有の場であるという、早期の適応の例といえるかもしれない。イギリスの居酒屋（パブリック・ハウス）にかつて人がよく集まっていたのは、酒を楽しむためだけでなく、暖房費共同負担の場でもあったように、パリの「クールルーム」も「涼」を共有しながら交流する機会を提供している。こういうかたちで人が集まることでスケールメリットもあり、環境上の利点もはっきりしている。1台のエアコンのもとで10人が過ごせば、この10人がそれぞれの自宅でエアコンを使う場合とくらべて、使用する化石燃料エネルギーは10分の1で済む可能性がある。

シンガポール国立大学デザイン環境学部のすばらしい建物は、「ネットゼロ」でしかも十分に空調された公共の建物を暑い国々で実現するのは不可能ではないことを示しているが、こうした建物が世界標準になるには程遠い。また、そうなったとしても、いまある何百万棟という大学（そして大学以外）の建物を取り壊し、「ネットゼロ」の「涼」というオアシスに建て替えようとするのは、あまり「環境に配慮した」やりかたではない。いまの建物を改築するほうがより現実的で実現可能性も高いが、このやりかたにも限界がある。サステナブル建築とはとても言えない建物が、世界中に数えきれないほど（おそらく数十億、数百億棟）もあるからである。

シンガポール国立大学デザイン環境学部の建物はネットゼロ・エネルギー建築として設計され実現された先駆的な例だ

22℃世代は、エアコンに頼らずに涼を保つ方法を見つけなければならない。これがなぜ重要かというと、化石燃料を使用して稼働させるエアコンが気候に影響を及ぼすから、また、「涼」は経済的に手の届くものでなければならないからだ。政策対応としての「どこもかしこもエアコン完備」には切実な社会経済的側面がある。オーストラリアも英米と同じように経済格差が大きい。それは要するに、屋内へ逃げ込んで化石燃料による「涼」に浸りたくても、そうはできない人たちが相当数いる、ということでもある。にもかかわらず、こうした人々のさまざまな選択肢も、都会での暮らしも、エアコンのある暮らしを前提とする設計方針の影響をやはり受けている。かつては歩行者に優しかった都市部が、いまや大気を汚染する車ばかりになり、住みやすさが少しずつ損なわれつつある。「市民に涼を」プロジェクトチームが次のように指摘している。

エアコンばかりに頼って都市を涼しくする技術インフラのせいで、涼を提供するほかのインフラ、特に、日陰や木陰、休憩所、水飲み場、街なかでひと休みできる場所が失われる恐れがある。(45)

こうした問題に世界中の高気温都市が――エアコンの発明以来――数十年間ずっと取り組んでいる。しかし、気候変動が激しくなるにつれて、適応への圧力も高まるだろう。エアコンを稼働させるには大量のエネルギーを要し、冷媒ガスＨＦＣ〔代替フロン〕（温室効果が非常に高い）を排出するだけでなく、１００パーセントエアコン完備にする流れは、人と社会にとってさまざまなマイナスの影響をもたらす可能性がある。もうすでに度を超えている不平等がさらに悪化するかもしれない。

＊

エアコンは、ニューヨーク、ロンドン、パリ、ドーハ、シドニーなど、比較的豊かな都市が気候変動に適応できる方策のひとつを示すわかりやすい例だ。そうするだけの財源があり、常に22℃で暮らせる。しかし、「どこもかしこもエアコン完備」戦略を選べば、都市内の不平等を悪化させる恐れがある（「涼」を享受できる人とできない人との格差が広がるため）だけでなく、もっと広くグローバルな視野でも同じことが言える。

再生可能エネルギーがどこでもふんだんに利用できるようになるには、少なくともあと10年はかかる。

したがって、世界各地の豊かな都市が「どこもかしこもエアコン完備」を選択すれば、自分たちは涼しくても、地球の温暖化につながってしまう。豊かな都市が「どこもかしもエアコン完備」するのは可能でも、「だれもかれも」がエアコンを享受するのは不可能だ。そもそも、そんな必要があるだろうか。ずっと屋内で過ごしたい人などいるだろうか。都市化が進み、自然からますます切り離されていく社会において、自然と再びつながるのをためらわせるのではなく、どんどん勧めなければならない。屋外で過ごすという実に人間らしいニーズを、これからも満たし続けていかなければならない。

4　人工雪、ブドウ、銃、ダム

いまは気候変動に対する適応の初期段階である。試行錯誤しながらであり、取り組みの優劣もさまざまだ。そうしたさまざまな取り組みの一方には、「思慮深い（マインドフル）」かつ「公正な（ジャスト）」適応の見事な例があり、もう一方には、うろたえるほどの誤適応の例がある。この両極のあいだにも、勇ましい取り組み、よかれと思っての取り組み、直感的、あるいはごくありふれているあまり、それが気候変動への適応だとは思いもせずにおこなわれているものなど、さまざまなケースがある。

人も、企業も、各種機関も、自然も、適応をおこなっている。こうしたすべてから学びとれることがあるにもかかわらず、いま起きていることがなにひとつ、十分に注目されていない。この章では、さらに4つの適応例を紹介する。その目的は、適応が世界各地でどのようにおこなわれ、どのように捉えられているかを知ってもらうことにある。

適応にまず光を当てないことには、「思慮深い」かつ「公正な」やりかたでおこなわれているどうかの批評もできない。光を当てることで、適応者の責任を問うことも、おこなっている適応の質の向上支援も可能になる。さらに、適応について議論することでその必要性を強調でき、適応の実現に必要な資金供給を増やすことにもつながる。そして、おそらく一番の急務は、「適応ギャップ」（10ページ）を埋める手助けをし、さまざまな場所でさまざまな人々が必要としている適応プロジェクトを始められるようにすることだろう。そういうわけで、すでに紹介した事例は適応について話し合うきっかけにしてもらえるかもしれないが、これから紹介する事例も同じように活用してほしい。どこもかしこもエアコン完備にするだけが適応ではない。

人工雪は食べられない

スキー場に雪がなければどうするか。閉鎖したまま、雪が降るのを祈るか、自分で雪をつくり始めるかのどちらかだろう。スキー場で人工雪が初めて使われたのは、1952年、ニューヨーク州のグロシンガーズ・リゾートだった。[46] 以来、世界中のスキー場で人工雪がつくられ、噴射されている。ヨーロッパアルプスには、人工降雪機がなければ廃業になりそうなスキー場がいくつもある。

人工雪については、「環境保護（エコ）」の観点から、2通りの考えかたがある。1つは、大量のエネルギーを消費し、かなりの量の温室効果ガスを排出する、という考えかた。もう1つは、そのおかげでスキーやスノーボードの愛好者がこれまでどおり地元で楽しめるから、自然雪がある山岳地まで車や飛行機で移動せずに済む、という考えかたである。

場所によっては、雪が足りず、ゲレンデを保つ人工雪を大量に必要とするため、営業を続けるのが現実的ではないスキー場もある。直近の調査によると、2011年には、イタリア国内で計186カ所のスキー場が放棄されていることがわかっている。(47) この数字はさらに増えているはずだし、ほかの国でも数百（おそらく数千）カ所のスキー場が同じように放棄されているに違いない。もちろん、雪不足だけが原因ではない。ずさんな経営、もっと安いスキー場へ向かえる格安フライト、嗜好の変化など、あらゆることが一因となっている。それでも、平均を上回る気温上昇（海抜ゼロ地点で1℃、標高の高いスキー場なら2℃）によってスキーシーズンは現に大幅に短くなりつつあり、しかもこの気温上昇が逆転することは当分はなさそうだ。

温暖すぎるスキー場にとって、人工雪しか選択の余地がないわけではない。2020年初め、フランス・ピレネー山脈にあるカンタル県が、ルション＝スペルバニェールの高地の雪をヘリコプターでスキー場まで運び下ろす、という前例のない措置をとった。(48) この新たな取り組みはさんざん批判されたが、カンタル県議のエルヴェ・パウナウは、この適応策の経済的側面を擁護した。ヘリコプターのチャーター料はこのスキー場の売上から差し引かれるようだが、パウナウ県議も「環境保護意識が足りなかった」点はどうにか認めた。同県議はまた、ヘリコプターで雪を運んだのは一度かぎりの緊急対応と捉えていたらしく、こう発言している。「本当に例外であり、また同じことをするつもりはありません。今回はしかたがなかったのです」。また同じことをする必要はないだろう、と本気で考えているのであれば、あとでショックを受けるかもしれない。

人工降雪機

この問題には、ある心理的側面がある。ヘリコプターで雪を運んだり、ゲレンデに人工雪を噴射したりすることは、平常どおりであるという感覚を持ち続けることにつながる。これは一種の否定だ。気候変動が事実であることの否定ではなく、自分たちの暮らしや趣味を大きく変える必要性はまだない、と思い込むための一手段なのだ。地元に雪があり、スキーができるうちは万事オーライにちがいない、と考える。この問題はスキー場だけではない。２０１９年12月、モスクワは季節外れの暖かさだったため、市の中心部までトラックで人工雪を運び込み、新年の祝賀ムードにふさわしい雪景色を演出しようとした。赤の広場に残っていたわずかばかりの雪を保護する柵が設けられた、という報道まであった。(49)

そこまでして演出した雪景色も、気候崩壊のさまざまな影響を肌で感じているロシア国民の不安を和らげるのにあまり役に立たなかっただろう。そりやスケートなど、家族で楽しむ伝統的な遊びが失われつつあり、クロスカントリーも減り、さらに深刻なことに、シベリアの至るところで、長引く夏の熱波や永久凍土の融解が無視できないものになりつつある。見事な雪景色を演出しようとするモスクワの試みはいつまで続くのだろうか。モスクワ市民がそこかしこで目にしている気候崩壊から、このような演出で気を逸らせられるのだろうか。化石燃料の使用規制を求める声を抑えられるのだろうか。

ブドウの適応

気候崩壊のさまざまな影響に適応し、今後も繁栄を続けていくつもりなら、自国の農業のしくみを優先する必要があるだろう。グレイシャー・トラストがネパールで支援している農家もそうだが、多くの農家にとってわかりやすい適応戦略のひとつは、立ちはだかる気候状況により適した作物の栽培に切り替えることである。少なくともわかりやすそうには聞こえるが、実際には、言うは易くおこなうは難しだ。新たな農業技術を覚え、食べ慣れない作物の味に慣れ、新たな販路を開拓しなければならない。しかも、これまでの習慣や伝統も手放さなければならない。気候変動が起こるしくみを把握したうえで、それがどのような影響をもたらしうるかを理解することも求められる。

ネパールでは、作物の切り替えだけでなく、より多様性に富む作物の栽培によっても適応している。

この「農業生物多様性」が、農地と暮らしのレジリエンスの向上につながる。温暖化の影響で、ある害虫が標高の比較的高い土地で発生し、一種類の作物が全滅しても、ほかの数種類の作物は無事かもしれない。これが適応戦略としての農業生物多様性によるレジリエンスである。こうした考えかたは、ネパールの山岳地帯の農家にも、イングランド東部の野菜農家にも、アメリカのグレートプレーンズの穀物生産者にも、欠かせない。ただし、ワイン用ブドウ生産者には、また別の取り組みが必要になる。

ワイン用ブドウ生産者は、農業生物多様性にはあまり興味をそそられていない。ブドウの栽培だけで結構満足しているからで、世界中のワイン愛好家も、生産者がほかの作物に切り替えないほうがうれしいに決まっている！　残念なことに、ブドウは、気温の上昇、急な寒波、長期の干ばつ、大量の雨などの異常気象の影響を受けやすい。イグナシオ・モラレス＝カスティージャが率いる研究調査は、気温が2℃上昇するだけで、ワイン用ブドウ栽培地域のなんと56パーセントが栽培できなくなる可能性がある、と警告している。気温が4℃上昇すれば、この割合は85パーセントと、壊滅状態に近づく(50)。ワイン業界が生き残ろうとするなら、適応は不可欠である。

栽培地の移転も選択肢のひとつだ。北向きの比較的涼しい斜面（北半球の場合）、同じ緯度でもさらに高地、ほかの地域、いっそのことほかの国での栽培も考えられる。テタンジェなどのシャンパン醸造会社も、栽培国を変える戦略をすでに採用している。イングランド南部の至るところに突然出現しているブドウ園には、複数の醸造会社が投資している(51)。イングランドの一部地域の石灰質土壌――そしていまの気温――が良質の発泡ワイン用ブドウを育てている。テタンジェ社にとって、シャンパーニュ産にこだわるあまり、栽培できない土地に取り残されてしまうよりは、たとえ「シャンパン」を名乗れなくなっても、発泡ワイン市場の一端を獲得するほうが魅力的なのは間違いない。栽培地の移転はワイン業界の大手企業には選択肢のひとつだが、もっと規模の小さい、家族経営のブドウ園にはまず無理な方法だ。そこで検討すべき次の選択肢が、異なるブドウ品種の栽培である。

モラレス＝カスティージャがこの戦略を調査し、有望な調査結果を得ているものの、ボルドーで栽培されたカベルネ・ソーヴィニヨンのワインはいよいよこれで最後となりうる日もそう遠くない、という非常に現実的な見通しにもつながっている。逆を言えば、ブドウ園がほかのブドウ品種を栽培してみる許可を得られるようになれば、ポルトガルを代表する品種トゥーリガ・ナシオナルの史上初のボルドー産ワインがそのうちに飲めるようになるかもしれない。しかし、モラレス＝カスティージャの調査によると、ほかのブドウ品種に切り替えてもなお、世界のワイン地図はやはり塗り替えられていく。ほかの品種への切り替えがうまくいった場合でも、2℃の気温上昇で、ワイン用ブドウ栽培地域の24パーセント（切り替えていなければ56パーセント）、4℃で58パーセント（同85パーセント）が失われると予測されている。しかも、このように「比較的」うまくいくかどうかですら、気温上昇についての正確な予測情報を農家が入手しているかどうかにかかっている。

小規模ブドウ園であれ、大手ワイン醸造会社であれ、ブドウ生産者は事前に計画を立てることに慣れている。有効な計画づくりには、予想すべきことをよく理解しているか、少なくともなんらかの見当がついている必要がある。ブドウ生産者が気候変動にうまく適応するためには、なにに対して適応してい

ブドウ園

くのかをまず理解しなければならない。ここできわめて重要になるのが、国のリーダーや権威ある人たちの正直な姿勢である。気候変動は平均気温の上昇だけでなく、嵐、干ばつ、洪水の激化にもつながる。いずれの場合も、農家にとって重要なのは、それがどの程度なのかを把握することにある。農業は気象パターンの変化の影響を非常に受けやすい。世界の平均気温があとどのくらいで、たとえばいまより0・3℃高くなるのかを知っておくことが重要だ。30年かかるのであれば、いまの品種をまだ当分は栽培し続けてもおかしくないかもしれない。しかし、あと10年以内にそうなるのであれば、早めに品種を切り替えたほうが賢明だろう。

適応の専門家や運動家が懸念を強めているのが、気候変動についての〈安心のストーリー〉の危険性である。環境技術（グリーンテック）の開発や国際協定についてのストーリーが誇大に報道され、あまりにも楽観的に伝えられているため、真実が見えなくなるのを心配している。この件は第9章で詳しく取り上げる。主な危険性は、いわゆる〈安心のストーリー〉がもたらしかねない誤った安心感と、そこから生まれる自己満足にある。平均気温上昇が1・5℃、2℃、3℃の基準値を実際に超えてしまう日がどれだけ近いかを自覚している農家はどの程度あるだろうか。気候変動の専門家による文献をふだんから読んでいる人でもないかぎり、あまり多くはなさそうだ。つまり、その自覚がない――圧倒的大多数の――農家は、自分たちの置かれている状況が非常に危ういことを、こちらが心配になるほどまったくわかっていない。気候の影響を受けやすい作物を栽培していれば、リスクもそれだけ大きい。

農家は、気候変動関連の抗議運動のターゲットにされる厄介な状況にも直面している。畜産農家は特にそうで、自分たちの生活手段や文化遺産が、畜産業の大幅縮小を訴えている人々によって脅かされている、と感じている。人類の生き残りに不可欠とはいえないワイン産業もまた、こうした批判と無縁ではない。ワインづくりは集約農業であり、水もエネルギーも大量に使用するうえ、有機栽培は5パーセントにも満たず、最終製品であるワインは重いガラス製ボトルに入れられて世界中に出荷されている。

ワイン業界もほかの農業セクターの主要団体の多くと同じように、気候および環境危機に対するさまざまな影響を減らすよう圧力をかけられている。もちろん、減らす努力をしているし、同時にそうした危機が明らかになるにしたがって適応する努力もしている。生き残って伝統を維持し、この先もずっとワインを飲んでもらうべく苦闘しながらも、公正な適応という難しい課題を受け入れ、気候と環境のフットプリントを減らすためにできることはなんでもやるところもあるだろう。一方で、そんな気はさらさらないところもあるだろう。そういうところは、事業活動の新たな手法になりふり構わず突き進み、「自社の利益第一」の姿勢をあらわにしながら、不可知論的適応をおこなっていくだろう。

銃ではなく、気候変動に殺される

機関銃を肩に担ぎ、頭上にはミサイル搭載ドローンの一群が飛んでいる。そんなときに、自分たちは地球の気候崩壊に加担している、と自覚し続けるのは難しいだろうと思う。ほかのだれかが代わりに自覚しておいてくれるといいのだが。それでも、軍の食堂テントで比較的リラックスしているときには、気候崩壊の影響が世界だけでなく、自分たちにも及んでいることを考えるようになるかもしれない。

軍隊生活だけでも相当厳しいのに、地球温暖化がさらなる追い打ちをかけてくる。だからこそ、エアコンのきいた食堂テントで人工の「涼」に浴しているときには、こうした適応策をとってくれた上官たちへの感謝の念も湧いてくるかもしれない。逆に言えば、気候変動への警戒心が薄くてなにも対策をとらない軍事戦略家や軍のリーダーには、感謝の気持ちなど持てないだろう。食堂テント内が暑い、飲み水も底をついている、となればなおさらだ。軍隊も気候変動に適応しなければならない。もっともうまく適応している軍隊が有利になるのだから。

戦地に配備されている部隊は危険で過酷なことが多い環境にあり、そうした環境に日々うまく適応していかなければならない。軍の各種の計画担当者が気候変動を考慮しながら今後数十年間の準備をしているのもそのためである。このことを北大西洋条約機構（NATO）は、「軍事資産を、厳しい物理的環境に適応させる」と表現している(52)。配備されている軍隊は、水、食料、電気、そして、多くの場所でエアコンを必要とする。こうした必要物資の供給は容易ではないうえに、災害地域や紛争地帯ではいっそう難しくなる。それどころか、もっと困難な条件を引き受けなければならない。軍隊が負う責任は、自分たちのことだけではない。配備される理由はたいてい、市民をなんらかの脅威から守るため、あるいは災害時の救助や復旧支援のためだ。つまり、軍隊に必要な物資を現地調達する際、もうすでに逼迫している物資の供給にさらなる負担をかけないようにする責任がある。この責任は、物資が特に不足している地域では非常に重い。よほど気をつけないと、脆弱な生態系や社会のしくみに対して、軍隊が——たとえ味方の軍隊であっても——甚大な付随的損害を引き起こすことになり、それが連鎖反応を引き起こし、救助すべき当の被害者や被災者を傷つけてしまう可能性がある。

自給自足原則は、こうしたリスクの軽減に役立つ。これまでは常にそうだった。しかし、物理的環境が厳しさを増し、現代の軍隊のエネルギー需要が高まるにつれて、この自給自足がますます難題になっている。NATOは最近、自給自足の向上につなげるべく演習をおこなっている。軍隊が自家発電をおこない、より効率的に使用できるよう、さまざまな技術を試している。特に重視しているのは、ディーゼルではなく、再生可能エネルギーで動かせる、より軽量で効率のよい機器である。太陽光発電機や風力発電機が、軍隊の化石燃料への依存軽減につながることが期待されている。化石燃料の購入と輸送コストが上がるにつれ、あるいは、その現地調達が難しくなるにつれ、再生可能エネルギーに切り替えたほうが、はるかに好都合になるはずだ。

軍隊がおこなっているこうした適応は、間違いなく気候変動に対するものであり、実際そう公言している。つまり、不可知論的適応ではない。そこに、再生可能エネルギーへの転換もたまたま含まれているのは良いことだが、その目的はあくまでも機動性であり、環境保護ではないことを忘れてはならない。軍隊が選択する適応戦略はほぼ間違いなく、機動性の高さで判断される。環境により配慮しているからと、スピードの劣る電気戦車に切り替えたりはしない。病院、警察、消防と同じで、軍隊も、気候変動の緩和のために自分たちの機動性を妥協するつもりなどない。そう言うと手厳しいと思われるかもしれない——軍事組織の多くは援助に最善を尽くそうとしており、しかも現に尽くしている、むしろほとんどが、なんらかのリサイクル政策をとっているのだから！

しかし、命が危険にさらされている場合は、軍隊の機動性は常に、環境の持続可能性(サステナビリティ)に勝る。この点をNATOははっきり明言している。NATOの環境およびスマートエネルギー担当オフィサーのスザンヌ・ミカエリスが、米NBCニュースで次のように説明している。

NATOの主な焦点は、軍事活動が環境に与える影響ではなく、エネルギーのさらなる有効利用にあります。要するに、軍事的機動性にあるのです。(53)

世界中の軍隊が、気候および生態系の崩壊にどのように適応すべきかを検討し、可能であれば自分たちの軍事活動に「ウィンウィン」の変更をおこなっているのは明らかだ。しかし、戦場や災害地域以外に目をやると、検討すべき根深いジレンマがある。軍隊は実にやっかいな悪循環のなかでがんじがらめになっている。自分たちが対処しなければならない状況の根本的原因であり、その影響をますます強めているものに、かなり加担している。その根本的原因とは、お察しのとおり、気候および生態系の崩壊である。

ベンジャミン・ネイマークほか、英ランカスター大学および英ダラム大学の研究者たちによると、米軍だけで1日あたり27万バレルの石油を消費し、年間2万5000キロトンの二酸化炭素を排出している。こうした数字をネイマークたちは次のように捉えている。「米軍をひとつの国と仮定すると、その燃料使用量だけで、温室効果ガス排出量が世界で47番めに多い国になる。これはペルーとポルトガルのあいだに位置する」(54)。米軍がダントツで世界最大の規模だとしても、世界中のほかの国々の陸海空すべての軍隊の温室効果ガス排出量を米軍の排出量と合わせると、その環境「軍靴の痕(ブーツプリント)」——ネイマークの造語——は、とんでもない量になる。

気候変動が無視されているわけではない。どの国の国防省も、NATO同様に、安全保障上の脅威をもたらす環境上の現象や課題のなかでも、気候変動を上位に挙げている。NATOは「環境がもたらす安全保障上のさまざまな課題への取り組み」を積極的に支援し、そうした課題として、「異常気象、天然資源の枯渇、汚染など、最終的に災害、地域の緊張や暴力につながりかねないさまざまな要因」を挙げている[55]。NATOの歴代事務総長――ヤープ・デ・ホープ・スヘッフェル、アナス・フォー・ラスムセン、そして現職のイェンス・ストルテンベルグ――全員が、気候変動を考慮して中長期の防衛・軍事戦略を立てる重要性を強調している。これが深刻化しつつある危機であることを理解しているのだ。

しかし、状況をよく考えると、気候変動が「ありとあらゆる」軍事衝突の根本原因でも、「ありとあらゆる」自然災害の根本原因でもない点は、きちんと認識しておく必要がある。むしろ気候変動は、今後ますます影響を強めるであろう、脅威を増幅させる一要素と捉えるのが一番わかりやすい。気候変動が引き起こすもの、たとえば不作につながる干ばつなどが、不安定ながらも平穏だった状態を、敵意に満ちた危機的状態に一転させることは十分ありうる。中央アフリカの最近のいくつかの内戦も、チャド湖が干上がってしまったことで、肥沃な土地が広範囲にわたって失われたことと強い関連性がある。また、気候変動が一因となり、中東の不穏な状況や紛争が起きている、と指摘する人も多い[56]。軍隊の出動が要請されるような自然災害の頻度も規模も増している。頻繁に出動し、そのたびに深刻な洪水、土砂崩れ、暴風雨、森林火災に対応するのだが、もちろん自転車で駆けつけるわけではない。災害被害の後処理を、気候危機を悪化させるような重機を用いておこなわなければならないのだ。それが現状起きていることであり、とうてい一筋縄ではいかない。

NATOのストルテンベルグ事務総長は、こうした一切を理解している。2019年のあるスピーチで次のように述べている。「気候変動は安全保障に影響をもたらします。人々が移動や移住、暮らしかたや住む場所の変更などを強いられる可能性があります。そうなれば当然、衝突につながる可能性があります」[57]。しかし、ストルテンベルグ事務総長は、気候変動を解決する主体はＮＡＴＯだとは考えておらず、解決する責任は国連にある、としている。つまり、ストルテンベルグ事務総長は、気候変動への懸念を明確に示し、その緩和のためのさまざまな取り組みを――各軍事組織がおこなっていることも含めて――支持はしているものの、どうやらＮＡＴＯ全体としては、気候変動が安全保障にもたらす影響に対処する際に、ＮＡＴＯやその加盟国がさらなる気候変動を引き起こしてしまうのが避けられないとしても、それはそれでしかたがない、と考えているらしい。そういうわけで、ＮＡＴＯ軍が気候変動に加担し続け、対処し続ける状態が、この先まだ数十年は続くのが確実だ。自ら忙しくし続けるわけである。

ダムは断然いいアイデア？

気候変動は地政学的な影響ももたらしている。以前は通れなかった北極や南極近くの航路が航行可能になったり、標高や緯度が比較的高いところでも作物が栽培できるようになったり、漁場が少しずつ移動したりしている。陸海がこれまで以上に利用できるようになったことで、その実権をめぐる争奪戦が激化し、さまざまな企業や国家が実権を握りたがっている。また、エネルギー転換の加速化により、グリーンエネルギー技術の用地確保の需要も高まっている。

そういうわけで、行政のリーダーたちはこぞって、その地政学上の目標を、顕在化しつつある気候変化の現実に合わせようとしている。そこに生じる新たな機会をひそかに探ったり、家屋やインフラの損失・損害を受けてとにかく移転先を検討したりしている。こうした目標を達成しようと、さまざまなレベルのソフトパワーやハードパワーが用いられている。所有権、利用権、領土、国境を巡る紛争が起きるかもしれず、そうなれば、侵略などさまざまな暴力行為を絶対に防げるとはかぎらない。このように、気候変動がもたらしうる影響はあまりにも大きいため、自国のこれまでの地政学的目標をそれに適応させるというよりは、それこそが今後の地政学を方向づけるものになりそうに思える。

*

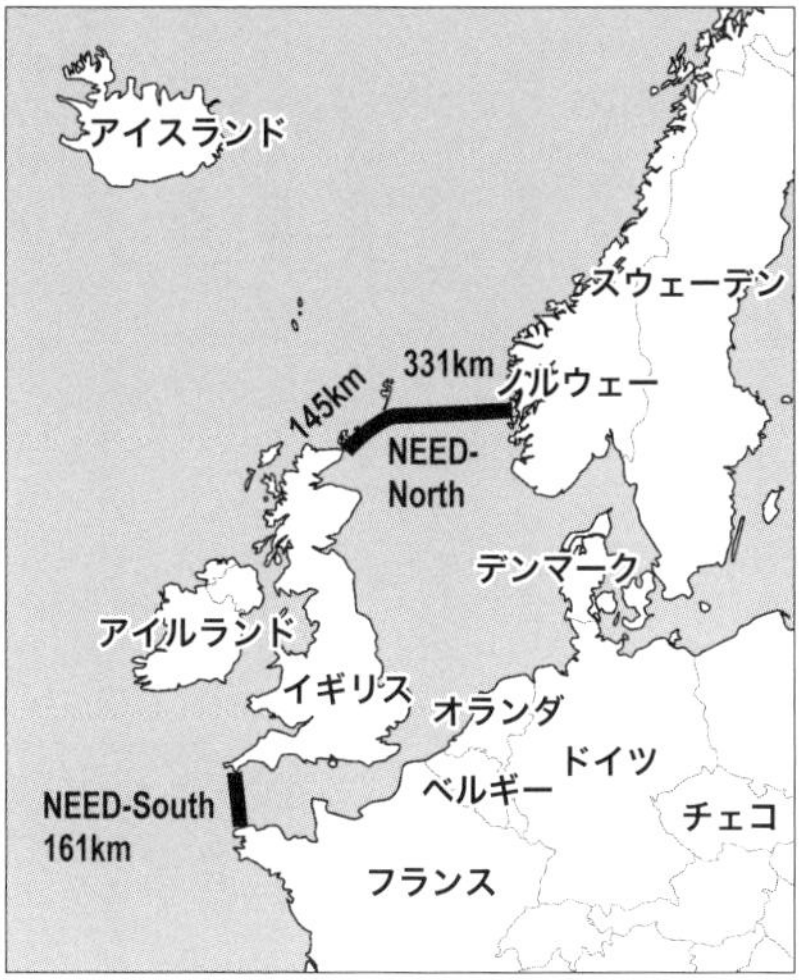

思考実験としての巨大ダム構想（NEED）

ここでひとつ、思考実験をしてみよう。英仏海峡から北海全体を囲い込み、大西洋よりも海面が低い巨大海水湖を人工的につくった場合、どのような地政学上の影響があるだろうか。思いもよらない問いであるが、ふたりのオランダ人海洋学者の以下の提案を真摯に受けとめるのであれば、問う必要がある。

2020年、ショード・グロスカンプとヨアキム・ケルソンが、ある（超）壮大なアイデアについて調べてみた[58]。2基の堤防、つまりダムの建設費用と、その実現可能性を計算してみたのである。1基はスコットランド北東端からノルウェー西岸まで、もう1基はイングランド南西端のコーンウォールからフランス北西端のブルターニュまでで、この2基のダムがあれば、イングランドおよびスコットランドの東岸と、フランス、ベルギー、オランダ、ドイツ、デンマーク、ノルウェーそれぞれの、北海に面した沿岸地域を海面上昇から守れるという。スウェーデン、フィンランド、それにバルト海の沿岸地域もおそらく守られるだろう。しかし、アイルランド、イングランドの西部と北部、フランス西部、スペイン、ポルトガルは守れない。

グロスカンプとケルソンが提案した、この「北ヨーロッパ・エンクロージャー・ダム」（以下NEED）は、技術的にも費用的にも可能らしい（沿岸部から撤退するより、このNEEDを建設するほうが安くつくらしい）。実は、このふたりは本気ではなかった。この提案を思いついたのは、「差し迫っている問題の大きさを警告する」ためだった。[59] その意味では成功している。もちろん、いつかどこかでだれかが、この提案を真剣に受けとめるかもしれないという恐れはある。ミルトン・フリードマンの次の発言はよく知られている。「危機だけが──現にあるものでも、感知されたものでも──真の変革をもたらす。危機が起きたときにどのような対策がとられるかは、手近にあるアイデア次第である」。[60] NEEDよりも優れたアイデアが近いうちに出てくるのを願ったほうがいい。ヨーロッパ各地で選ばれつつあるポピュリスト政治家は、自分の名を残して手柄にできる5000億ユーロ規模の巨大プロジェクトに目がないのだから。

NEEDのようなアイデアで「社会の反応を探る」ことの問題は、それがあまりも突飛なアイデアであるために、もっと真摯で遠大なアイデアがかすんでしまい、それほどすごいものに思えなくなることにある。世界各地で現在検討中、あるいは建設中の実際のプロジェクトには――ほかのどんなものと比較しても――実にすばらしいものがある。ところが、NEDとくらべるとなんとも地味に映る。人類は、海面上昇やスーパーストームを食い止める試みのひとつとして、とんでもなく大量の岩やコンクリートを、今後数十年間にわたり、海岸沿いにぶちまけようとしているらしい。フランス北部からデンマークまでの防潮堤建設、という真摯な提案もいくつかあるが、海面上昇への適応策としてもっとも注目されている最新計画なら、米フロリダ州マイアミにある。くらべるなら、NEDではなく、このマイアミ計画のような巨大適応策を比較対象にしたほうがいい。

＊

マイアミ・デイド郡（カウンティ）は海抜の低いところにあり、人口密度が高く、熱帯暴風雨の被害を受けやすい。人口280万人を抱え、観光および商業の中心として、アメリカ屈指の都市である。アメリカにとって経済的にも文化的にも非常に重要ながら、脆弱な地域でもある。しかも、海面上昇が続き、ハリケーンの頻度も規模も高まる予想もあいまって、気候変動に年々さらされやすくなっている。したがって、なにが必要か、どこへ行けばいいか、だれが補償の対象になるかについて、大いに議論されている。

同郡の住民、エンジニア、ジャーナリスト、政策立案者たちが、さまざまな計画案について議論している。そうした計画案は、アメリカ陸軍工兵隊に依頼して提出してもらっている。その目的は、洪水の発生も、避けようのない洪水による被害も、ともに減らすことにある。その計画案のひとつに、全長10キロメートルの一連の堤防がある。この可動式臨時堤防を、嵐が襲ってくる前にあちこちに設置するという案だ。この建設には、何百棟もの住宅や建物の取り壊しが必要になるほか、設置すれば、その高さ（最高4メートル）のせいで、フロリダ州でも特に裕福な住民が愛してやまない海の眺めが妨げられてしまう。それでも、この堤防の外側（つまり海側）にとどまるよりは、海の眺めを失うほうがまだましだろう。海側に取り残される住宅や店もあるのだから。

ほかにも、病院、消防、警察、水処理施設といった重要な建物を完全防水化する案もある。なんと、2000棟以上ある介護福祉施設を、1階部分から3メートル以上持ち上げる案もある。大きすぎて持ち上げられない残り4000棟の建物には、防水ドアと洪水防壁を取りつける案だという。こうした計画案には約50億ドルが必要で、地元の経済、社会、環境への影響は非常に込み入ったものになる、とする2020年5月の予備調査報告書は、443ページにも及ぶ[61]。これほどの規模の適応策は、非常に複雑で難しい事業になる。いずれにしても、2023年の着工が予定されている。

さまざまな政治的立場の人々がこの計画のさまざまな部分に反対したり推進したりしていて、その観点も当然、さまざまだ。費用がかかりすぎる、という人もいれば（これより前に提出された80億ドル計画案はすでに却下されている）、この計画案ではまだ不十分だとして、多大な予算を巨大建造物に投じたあげく、結局役に立たないことが判明するのを心配する人もいる[62]。しかし、もっとも注視すべきは、この計画がもたらす社会経済的影響である。地政学というと、ついグローバルな規模のものを考えがちだが、地域の地政学も同じように複雑で、懸念すべき問題だ。多くのことが可能であり、数年後にはフロリダ州全体が適応し、暮らしも風景もすっかり様変わりしているかもしれない。同じように影響を受けやすい地

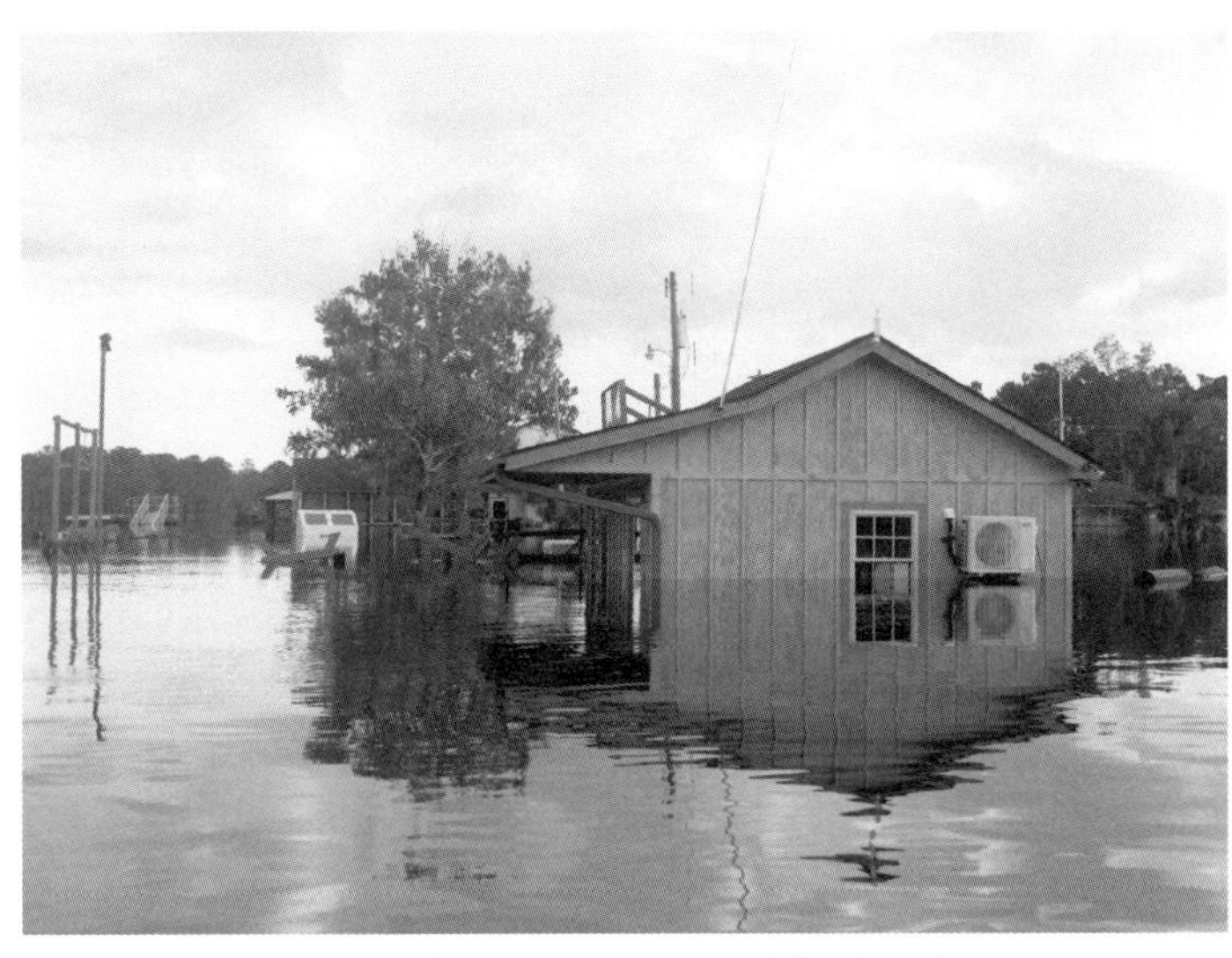
ハリケーン・フローレンスで浸水した住宅（フロリダ州マイアミ）

域が大いに関心を持って見守るだろう。

マイアミはアメリカで「気候ジェントリフィケーション」が最初に始まったところであり、この新たな現象は全米に広がりだしている。マイアミは、昔から富裕層が住んでいるサウスビーチやブリッケルなどの地域の海抜が低く、ハリケーン、洪水の被害をいずれ受けることになるか、もうすでに受けている。そのため、住民は海抜のもっと高いところへ移りたがっている。リトルハイチ、リバティシティ、アラパタなど、あまり裕福ではない地域の多くが内陸部の海抜がやや高いところにある。この海抜の高さと海からの距離のために、かつてはあまり人気がなかった地域が、いまや人気のある地域になっている。したがって、不動産価格がどんどん上がり、賃貸料もどんどん上がり、富裕層が財力に物を言わせて流入してきている。このジェントリフィケーションの対極にいる人々——リトルハイチ、リバティシティ、アラパタに代々住んでいる人々——が、じわじわと押し出されているのである。

ハリケーンと海面上昇は、気候変動によるさまざまな影響のうちの2つに過ぎず、マイアミ・デイドが適応しなければならないことはほかにもいろいろあるのを忘れてはならない。かなり猛暑になりうる地域だから、数年後には、長引く干ばつや猛烈な熱波に苦しめられ、水の供給確保のために巨額の資金、エアコン設置にさらなる巨額の資金が投じられることになるかもしれない。フロリダ州は、気候変動に適応する際、自分たちが採用する適応策が気候および生態系に与える影響に配慮しようとするだろうか。現状ではよい兆しとは言えない。先の予備調査では、自然ベースの適応策も検討されていたが、そのほとんどが実行不可能と判断された。マングローブなど水生植物の復元案も、「生きた海岸線」であるサンゴ礁の育成案も、一切実施されない。それどころか、採用されたマイアミの適応計画は、建設工事もコンクリートも大量に伴う。つまりマイアミは、気候変動に適応することによって、気候変動に加担することになる。これはマイアミだけの話ではない。

適応ファースト

気候変動対策が明らかに不足していることに失望するのは簡単だ。懸念がこれだけ広がり、時間があまり残されていない、という認識が高まっているのに、どこもかしこも動きが鈍い。少なくともそう見える。飛行機に乗ると、離陸前に、機内安全のためのお知らせを客室乗務員がひと通り説明して見せてくれる。その最後のほうで、酸素マスクの収納コンパートメントを指差し、使うタイミングと使いかたを説明してくれる。その際、家族や友人と並んで座っている乗客への具体的なアドバイスが必ずある。「まず、ご自身の酸素マスクを装着してから、ほかの人を手伝ってあげてください」。いま企業のあいだで起こっているのもこれと同じである。企業は世間が思っているよりもはるかに多くの気候変動対策をおこなっているが、大部分はまだ「自身の酸素マスクを装着する」段階にある。「ほかの人を手伝う」段階に移行している企業は非常に少なく、「ほかの人のことを考えている」企業はさらに少ない。

株主、CEO、取締役クラスは、ゆるやかに集団覚醒しつつあり、気候非常事態が近いことも、その規模も、徐々に（数年がかりではなく、数十年がかりで）視野に入りつつある。目を覚まして目の前の事態に気づき始め、当然かつ賢明な行動をまずはとる。目の前に立ちはだかっているものに対し、「自分自身」が備える。安眠マスクを外し、酸素マスクを装着する。

こんなふうに気候変動対策をとっている企業の例は非常に多く、それだけで一冊の本になるくらいあるので、そうした企業を紹介したダウンロード可能なPDF文書があるのも驚くにあたらない。そのひとつに、国連グローバル・コンパクト（UNGC）の「責任ある企業の適応実例——民間セクターおよびコミュニティのレジリエンスを強化する（*The Business Case for Responsible Corporate Adaptation: Strengthening Private Sector and Community Resilience*）」がある。[63] この96ページの文書の内容は、あっという間に時代遅れになってしまう類のものではあるが、これを読めば、企業がおこなっている適応戦略は意図的に隠されているわけではない、とわかる。話題にされていないだけで、探せばちゃんとあるのに、世間に知られていない。

気候変動についていま精力的に発信しているエリック・ホルトハウス――あのニュースレター「フェニックス」もそう――が、2020年のある記事で、気候変動を次の3つの時期に簡潔にまとめている。[65]「気候安定期」は(ネタバレ注意)もう過ぎてしまっている。「後戻りできない天災期」(いまがまさにそうらしい)。「ティッピング・ポイント後の時期」は、なんとしても避けなければならない。いまの「後戻りできない天災期」が悪化するにつれて、企業の気候変動対策は急増するだろう。

企業はまもなく、自社のサプライチェーンも、顧客ベースも、工場や店舗や事務所も、気候変動が原因で崩壊するリスクにさらされていることに気づくだろう。これまでのらりくらりしてきた企業も、その気になればいつでも視聴できた適応関連のウェブセミナー一切を、つまらなそうだと後回しにしてきたことを後悔し、「後戻りできない天災期」にも、それによって引き起こされる混乱にも、われ先に適応しようと必死になる。こうした企業が殺到し、ごくひと握りの適応コンサルタントが大儲けする。そうしたコンサルタントが企業に勧める改革の規模の大きさにくらべれば、いま(原著執筆時点)の新型コロナウイルスへの適応策が古風なものにさえ思えるかもしれない。しかしここでの懸念はやはり、あわてて適応しようとするあまり、採用した戦略が、よくて場当たり的、下手すると非常にまずい誤適応になってしまうことだ。落ち着いて自分自身の酸素マスクを装着してからほかの人を手伝うどころか、酸素を求めてなりふり構わず突き進み、労働者の権利も環境保護もすべて踏みにじり、ありとあらゆる付随的損害を引き起こすことになる。ほかの人たち、そして自分自身の助けになるどころか、妨げになってしまう。#RaceToZero〔温室効果ガス排出量実質ゼロを目指す〕キャンペーンや、その姉妹版として新たに立ち上げられた#RaceToResilienceなどの枠組みにやや問題があるのも、そのためである。

この章の締めくくりに、誤適応を回避したい企業向けのアドバイスを見てみよう。アレクサンドル・マニャンによる2014年のある報告書に、誤適応を回避するための11のガイドラインがあげられている(66)。マニャンはこれを、環境面、社会文化面、経済面の3カテゴリーに分類している。〔気候変動による被害リスクの高い〕沿岸地域に限定して提案されてはいるが、あらゆる状況に当てはめて転用できるはずだ。

環境面の誤適応の回避

（1）もともとの自然環境に悪影響を及ぼす破壊を回避する（そのような悪影響の例としては、砂丘をなくすなど。海面上昇対策としては、砂丘のほうが結局、コンクリート堤防よりおそらく効果的）。

（2）気候変動によるさまざまな重圧をほかの環境へ移すのは避ける（近隣地域や、生態学的あるいは社会経済的に関連のある地域へ移さない）。

（3）現在および今後の気候関連のさまざまな危険要因に対する、生態系の保護的役割を支援する（熱帯雨林やマングローブの保全など）。

（4）気候変動の影響に関する不確定要素と生態系反応の不確定要素を総合的に考慮する（最悪のシナリ

オにも十分対処できるよう、適応戦略は柔軟なものにする）。

（5） 温室効果ガス排出量の削減よりも、気候関連のさまざまな変化への適応を促すことを第一目的とする（カーボンニュートラルな適応策が理想であるが、それはまだ機能していないため、バランスをとる必要がある）。

社会文化面の誤適応の回避

（6） 危険因子や環境動態に影響しうる地域の社会特性や文化的価値観をふまえて着手する（適応戦略によって影響の大きさが異なるため、地域住民が自分たちの適応計画に抱いている期待と衝突しないようにする）。

（7） 気候関連の危険要因および環境についての地域住民の知識や技能を考慮して向上させる（自分たちが直面している気候関連リスクについて、住民の意識や理解の度合いはさまざまだろうから、適応戦略づくりのプロセスに関わってもらう）。

（8） 地域住民が身につけられる新たなスキルを利用する（その習得を手助けしたり、環境教育への取り組みを支援したりする）。

経済面での誤適応の回避

（9） 社会経済的な不平等の軽減を促す（また、すでにある不平等を自社の適応戦略で悪化させることがないようにする）。

(10) 経済活動および自給自足活動の相対的多様性を支援する（より多様な作物を栽培するなど）。

(11) 経済活動および自給自足活動における、気候変動に起因するどんな潜在的変化も施策に組み入れる（気候変動の影響を受けやすいサプライヤーに依存しない、など）。

適応しない企業はいずれ破滅する。多くの企業にとって、これが目の前にある厳しい現実なのだ。したがって、ある企業が気候変動対策をどの程度おこなっているかを見極めるには、その企業の温室効果ガス排出量削減の取り組み以外も調べたほうがいい。巧妙なプレゼンテーションで隠してはいるが、グリーンウォッシング（環境保護を支援している姿勢を示すための広報活動など）や口先だけのスローガンが適応戦略、という企業もある。責任をもって適応している企業もあるし、そうでない企業もあるが――良くも悪くも――企業は自社の適応戦略についてあまり話さない。話すわけがない。だれも訊かないのだから。

5 自然界における適応

気候変動が現実だ、深刻だ、存亡に関わる問題だと、納得させるのが本書の目的ではない。ここまで読んできてくれている人には、その必要もないだろう。それでも、気候変動が現実であることを相手に納得させなければならない状況になれば（否定する人はいまだにいる）、これから紹介する自然界の適応例ほど、うってつけの証拠はない。動物や植物がでっちあげに騙されることなどないだろうから。

否定派に対しては文句のひとつも言いたい気持ちを常に抱えているが、それが理由でこの章を設けたのではない。いまから紹介するのは、世界各地の動植物の適応例である。生物学者は、適応には３つの主な傾向が見られるという。⑴種の移動、⑵種の小型化、⑶生物気候学の変化（毎年繰り返される生物学的事象のタイミングの変化。開花や巣作りの時期など）。こうした傾向が環境保護活動家たちによってこと細かに観察されているのは、ほかにもいくつかある問題に気候変動が拍車をかけている地域において、種や生息地・生育地の保護に努めているからである。わたしたち人間が学べること、模倣（ミミック）すべきことがあるかもしれない。

「生物模倣（バイオミミクリー）」とは、自然界に見られるさまざまな戦略から学んだり模倣したりして、人間のデザイン課題を解決しようとすること、そしてその過程で希望を見出そうとすること。[67]

自然界は適応についてどんなことを教えてくれるだろうか。

この氷原は俺たちには狭すぎる

２０１５年、米地質調査所のある研究チームが、そうではないかと長年考えられてきたことを裏づけた。ホッキョクグマが絶えず北へ移動しながら、北極圏の温暖化に適応しているのである。[68]この北への移動は緩やかなため、ホッキョクグマの遺伝子流動の指向性を時間をかけて分析することで確認されている。これは、気候崩壊の最前線からのホッキョクグマ版「不可知論的撤退管理」といえる。それでもホッキョクグマは、その命運から逃れきれないかもしれない。北極地方は２０３４年にはもう、氷がまったくない夏を迎える可能性があるからだ。[69]ホッキョクグマの北への緩やかな移動はいずれ、破滅のゴールラインへと向かう全力疾走に転じてしまうかもしれない。

全体傾向としては北への移動だが、興味深いことに、ホッキョクグマはもっと話題になるやりかたでも適応している。なんと、南へも向かっているのだ。２０１９年、ロシア北東部のノバヤゼムリヤ列島でホッキョクグマの群れがよく撮影されるようになった。この群れはベルーシャ・グバという小さな町に現れ、ゴミ箱、集合住宅、校庭などで残飯を漁っていたのである。地元当局は威嚇射撃をおこなったり、フェンスを設置したり、住民に注意を促したりしなければならなかった。なにしろ、50頭を超える飢えた野生のホッキョクグマが町なかをうろついていたのだ。

ホッキョクグマのように食物連鎖のトップにいる捕食動物は、棲み家と呼べるかなり広い縄張りを必要とする。ホッキョクグマの自然生息地が縮小し始めると、「ここは俺たちには狭すぎる」状態になる。かつては2つの群れが共存できていた生息地が、1つの群れしか暮らせないほど狭くなれば、弱いほうの群れが出ていかざるをえない。

ホッキョクグマが南へ向かわざるをえなくなった原因は気候破壊であり、たまたまそこに位置するベルーシャ・グバに避難していただけである。そして、ほかの多くの気候災害避難者と同じで、ホッキョクグマもやはり、あたたかく歓迎はされなかった。『ガーディアン』紙の環境問題担当の編集主任ジョナサン・ワッツが指摘したように、ホッキョクグマは「侵入者」であり「強制送還」されるべき、という論調だった(70)。実際は、気候および生態系崩壊の被害者であり、適応するのに必死なだけなのだ。

狙い撃ちされたラクダ

南オーストラリアでは、また別の野生動物が移動を余儀なくされ、人間の集落へ入り込んで食べるものや飲み水を漁っている。オーストラリアの一部地域は気候変動の影響がかなり深刻化してきており、夏の数カ月間は水の供給量が乏しく、まったくない場合もある。こうした水不足に、人間だけでなく、原野(ブッシュ)に棲むラクダなどの野生動物も悩まされている。ラクダは水を求めて、農場、集落、小さな町へ入り込み、適応している。水道管、貯水槽、空調装置などにかじりつくのだ。ラクダへの歓迎ぶりは、どう控えめに言っても冷ややかなものだ。水不足の中、人間はラクダに分けてやる気にはなれないようだ。

２０２０年1月、オーストラリアで広範囲にブッシュファイヤが発生していたさなか、アボリジニの長老たちがラクダの間引きに許可を出した。プロのスナイパーたちが砂漠上空をヘリで飛び、ラクダを撃ち殺して回った。複数メディアは、ベルーシャ・グバに現れたホッキョクグマのときを彷彿させるように、こうしたラクダを「人間の危険なライバル」であるとし(71)、そもそもラクダはオーストラリアの在来種ではなく「外から持ち込まれた有害動物」だ、と騒ぎたてた(72)。

奇妙なのは、この間引きを正当化する根拠のひとつが、気候変動がらみだったことである。狙い撃ちされた1万頭のラクダは、温室効果ガスを排出しているから、というわけだ。確かにそのとおりで、実際排出しているし、オーストラリアには推定１００万頭のラクダがいる。ただし、メタンガスを大気中に放出している点では、オーストラリアに２５００万頭いるウシも同じであり、気候変動の緩和策としてラクダを撃ち殺すのは、むしろ被害者叩きのアンフェアな仕業に思われる。オーストラリアが気候崩壊の一因となっている度合いを本気で減らそうとするなら、優先すべき戦略がほかにいろいろあるのではないだろうか。

氷震だ！

氷をたっぷり入れたグラスに温かい飲み物を注ぐと、パリパリッと結構な音がする。これと同じことが海でも起きていて、水温の比較的高い海水に氷山がゆっくり崩れ落ちて割れるときにそうなる。オレゴン州立大学の海洋学者のあるチームが、こうした「氷震」による音を測定し始めた(73)。

同チームはその調査結果に驚いた。氷山がたてる音はすさまじく、予想をはるかに超えるものだった。海中の岩や海底にぶつかるときの音ではなく、あくまでも氷山が崩れるときにたてる音なのである。

気温が上昇して氷冠が溶けるにつれ、氷震がこれまで以上に発生しがちで、そのときに発する音はその付近以外でも聞こえている。遠く離れた赤道あたりの複数の水中聴音装置(ハイドロフォン)が、オレゴン州立大学の同チームが調査していた氷震の音を検知していたのだ。音を頼りに移動、狩り、繁殖をおこなっている海の動物たちはこれに適応せざるをえなくなる。

もっとわかりやすい適応も海で観察されている。海水温が上昇するにつれ、より冷たい海を求めて魚の群れが移動している。デイビッド・ウォレス＝ウェルズ〔気候変動に関する著作で知られるアメリカのジャーナリスト〕の報告によると、大西洋の東半分ではサワラやサバの仲間が、西半分ではカレイの仲間が、それぞれさらに北へ移動しているため、いまでは従来の棲息地より少なくとも４００キロメートル北方にいるという(74)。

小さいことはいいことだ、それに適応力もある

溶けゆく氷冠と、世界中の人々を魅了する大型動物の適応ぶりに呆然としてしまう前に、2つめの適応傾向を取り上げよう。気候変動のせいで、動物界では「種の小型化」が進んでいる。

英サウサンプトン大学の研究者たちは、今後100年間で鳥類および哺乳類全体の小型化が進む、と予測している。[75] 鳥や齧歯類のような小動物は、寿命が短く、繁殖力が強く、比較的いろいろなものを食べるため、環境の変化に対する適応力もレジリエンスも比較的ある。したがって、ラクダやホッキョクグマだけでなく、サイ、ゾウ、ワシなどの大型動物のほうが、気候および生態系の崩壊への適応が遅れるだろう、と同大学の研究者たちは主張している。

こうした小型化――すでに始まっている――の割合の予測は驚くべきものだ。哺乳類の平均的な大きさの中央値は、過去13万年もの間にせいぜい14パーセント小型化していた。それが今後わずか100年間で、25パーセントを超えて小型化する、と同チームは予測している。

ヨーロッパクサリヘビの適応

適応の3つめの傾向――生物気候学の変化――で話はさらに興味深くなってくる。イギリスの「両生

類および爬虫類団体」は2019年3月、ヨーロッパクサリヘビが初めて年間を通じて活動している、と報告した(76)。2月の季節外れの暖かさで冬眠から早く目覚めたヘビもいたが、それ以前の11月、12月、1月もずっと活動していた様子が記録されていたヘビもいた。これは適応というよりも、気候変動が引き起こしている比較的温暖な冬がもたらしている悪影響のひとつと言える。

冬眠から早く目覚めることは、ヨーロッパクサリヘビにとって賢明な適応策ではない。生息地の消失や破壊、それに近親交配が何年も続き、その個体数がすでに減少して絶滅の恐れがある。冬眠から覚めて巣穴や隠れ場から出てくれば、捕食動物に襲われたり、温暖な気候が続いたあとで急な寒波にさらされたりする恐れがある。

気候変動のせいで多くの動物の冬眠期間が短くなっている。ヨーロッパクサリヘビのように冬眠から早く目覚める動物もいれば、冬眠に入るのが遅くなっている動物もいる。比較的温暖なために、冬になっても当分は食べるものがあるからである。

米コロンビア大学のレニー・チョウ(77)は、気候変動が動物や昆虫にもたらしている影響について複数の論文で取り上げ、適応していると思われる数例をあげている。一番多い適応策は移動だが(人間もこれを模倣している)、鳥の場合、産卵期を早めつつあることもまた、雛鳥の餌となる昆虫を捕まえやすい時期に合わせる適応であることをチョウが指摘している。

読者カード

みすず書房の本をご購入いただき，まことにありがとうございます．

書　名

書店名

・「みすず書房図書目録」最新版をご希望の方にお送りいたします．

（希望する／希望しない）

★ご希望の方は下の「ご住所」欄も必ず記入してください．

・新刊・イベントなどをご案内する「みすず書房ニュースレター」（Eメール）をご希望の方にお送りいたします．

（配信を希望する／希望しない）

★ご希望の方は下の「Eメール」欄も必ず記入してください．

(ふりがな) お名前　　　　　　様		〒
ご住所	都・道・府・県	市・郡 区
電話	（　　　　）	
Eメール		

ご記入いただいた個人情報は正当な目的のためにのみ使用いたします．

ありがとうございました．みすず書房ウェブサイト https://www.msz.co.jp では刊行書の詳細な書誌とともに，新刊，近刊，復刊，イベントなどさまざまなご案内を掲載しています．ぜひご利用ください．

郵便はがき

料金受取人払郵便

本郷局承認

6392

差出有効期間
2025年11月
30日まで

113-8790

東京都文京区
本郷2丁目20番7号

みすず書房営業部
行

通信欄

ご意見・ご感想などお寄せください．小社ウェブサイトでご紹介させていただく場合がございます．あらかじめご了承ください．

変形自在のサンゴ

それと関連する4つめの適応傾向が、「表現型可塑性」である（ある生物が、その個体の一生のあいだに、行動、発達、からだの特徴を変化させる能力。進化による変化ではない）。海の生物サンゴには表現型可塑性を持つものがあり、海水温の上昇にうまく適応していることが確認されている。サンゴには、光合成をおこなう藻類の一種の褐虫藻が共生していて、これがサンゴの成長に必要な養分を供給している。サンゴは、海水温の上昇でストレスを受けると、エネルギー源であるこの褐虫藻を体内から排出するが、たくさん排出すれば、自分が摂取できる養分がそれだけ減ってしまう。アメリカ領サモア〔東サモア〕の沖合からサンゴを持ってきて実験室でおこなったある研究で、ある種のサンゴが表現型可塑性を発揮し、温かい海水中で、通常より少ない量の褐虫藻を排出している様子が観察された[78]。その結果、白化していく（そして死んでいく）ことなく、健康で色鮮やかな状態を維持しているのである。

この適応力は、種に備わっているエピジェネティクス、つまり、外部の環境要因によって遺伝子のオン・オフを切り替えるプロセスの賜物だ。ある種のサンゴは、海水温の上昇への適応策のひとつとして、遺伝子のオン・オフを切り替えられるが、同じことができる動物はほかにもいることを研究者たちが発見しつつある。レニー・チョウは、テンジクネズミ、ガンギエイ、ハタネズミ、ウミガメなど、多種多様な動物がエピジェネティクスを示している、と説明している[79]。

6 友好者生存

さて、人間については、いくつかのすばらしい例を除き、本書がこれまで主に取り上げてきたのは場当たり的で現実性に乏しい適応の側面だった。そうした誤適応の事例を知れば、いま議論されている適応戦略の気づかない落とし穴に気づくこともできる。また、なぜ賢明なやりかたで適応しなければならないのか、適応について影響力のある人々の責任を問うことがなぜそれほど重要なのかも明らかになる。一方で、もっと有望な事例も希望の兆しもある。世界各地で適応の必要性が急務になるにつれて、思慮深く、公正で、有効、かつ拡張可能（スケーラブル）な適応戦略の事例が現れだしている。こうした事例に光を当てて広く知ってもらうこともまた、適応のイメージを落とす誤適応の事例を暴露するのと同じように重要なことだ。

うれしいことに、こうしたすばらしい事例はたくさんある。各種報告書、学術論文、ブログ、書籍には、よりよい未来への道を示している事例研究がたくさん埋もれている。こうした適応事例こそ、わたしたちを奮起させ、啓発してくれるものだ。そこで語られているのは、「利己的」ではなく、「自分よりもっと大きな」観点で行動する人間についてであり、全体として見れば、ほとんどの人にはそうした傾向がある（129ページ参照）。

＊

来る日も来る日も悲観的な話ばかりをネットで読んでいるせいで、世の中は悪いニュースばかりの印象があるが、そうしたニュースの陰に隠れて、地味ながらも人の良い面のストーリーもたくさんある。ただ、そうしたストーリーはニュースにはなりにくく、ごくたまにしか見聞きしないし、大半はまったく報道されない。良い話に注目しようとしないのは、それがあまりにもありふれているからこそであり、実際、人間は互いのために、そしてこの地球のためになることを絶えずおこなっている。人間の善良性を示すストーリーはいくらでもあるため、ニュースになるのは極端な例だけである。たとえば、２０２０年、英国民保健サービス（ＮＨＳ）のために約３３００万ポンドの寄付金を集めたキャプテン・トムこと、トーマス・ムーアひとりの陰には、３３００万人の募金活動者がいて、すべて合わせればこの10倍の寄付金を集めているが、そのほとんどが匿名なのだ。こうした人たちはニュースに出てこないし、報道機関がこの全員を取り上げるのは不可能だから、結局ひとりも取り上げられない。だから、良い話がどんなにたくさんあっても見過ごされがちなのである。良いニュースは悪いニュースほど話題にのぼらない。

もちろん、わたしたちだれもが、その気になればもっと善いことができるし、ほとんどの人はできればそうしたいと思っているが、場合によってはそのやりかたを教わる必要がある。善行が当たり前の世の中であるべきだし、難しめのことをしなければならないときは、そのやりかたを学ぶ必要がある。これは、思慮深い適応にも、ほかのあらゆることにもいえる。これから紹介する4つの適応のストーリーが希望を与えてくれるはずだ。思慮深く、かつ公正な取り組みにコミットしている様子を詳しく説明している。こうした事例がきちんと伝われば、単なる希望以上のものをもたらすだろう。こうしたストーリーには、人々、コミュニティ、各種機関、都市、企業、行政府が適応するための道のりを示し、導く力がある。わたしたちが誇れる早期適応者である。こうした防御策や救済策をしっかり吸収していこう。

霧を飲み水に変える

社会問題や環境問題に対する、よかれと思った技術的解決策がダメになり、放棄されたままの残骸が世の中にはあふれている。NGOが自分たちの考えを、なんの疑いも持たない人々に拙速に押しつけているケースがあまりにも多すぎる。たいていの場合、導入した技術そのものがまずいのではなく、その技術が導入先の社会や環境ならではの事情に最適かどうかを事前に——その地域の住民とともに——きちんと確認していないことが問題なのである。こんなことを言うとばかげていると思われるかもしれないが、勧められている適応策の重要性を地域住民が理解していないのであれば、おそらくその地域社会に適した策ではないのだろう。気候変動への適応は急がなければ役に立たないし、NGOは支援したいのだから、もどかしいだろう。しかし、ある方策やちょっとした技術がいかに斬新か、あるいは折り紙つきかは重要ではない。理解されなければ、動き出すこともなく、錆びついてしまうだけだ。

モロッコの南（西）部の、急速に拡大を続けるサハラ砂漠にのみ込まれてしまいそうな位置にあるエイトバハムレインの村々では、「ダルシフマッド」という地元のNGOが画期的な気候変動適応プロジェクトを展開している。[80] このプロジェクトはいまや世界的によく知られている。「霧捕集」というごく単純な技術を用いたもので、この技術を取り入れている村々にプラスの効果をいくつももたらしている点がきわめて重要だ。「霧捕集」は目新しい発明ではない。イスラエル、エジプト、南米でも、水蒸気を取り込むための石造物の遺跡が発見され、考古学者によると、古代文明にさかのぼるらしい。気候変動による現代の水ストレスで霧捕集が復活し、再びおこなわれているのである。

技術的には比較的単純で、霧が発生しやすい場所に、固定した枠に沿ってネットなど網状のものを垂直に吊り下げておく。枠は最大でも3平方メートル程度で、たいてい、丘の中腹にいくつかまとめて設置される。丘に沿って上昇する霧がこのネットに触れて水滴となり、ぽたりぽたりと溝へ滴り落ち、それがパイプへと流れ込み、付近の家や畑に供給される。しっかりメンテナンスされた最新システムなら、霧をそのまま飲み水に変えられる。つまり、飲む霧である。

モロッコ南部は気候変動でかなり打撃を受けている。干ばつは激しさを増し、雨は散発的にしか降らず、地下水は減り続ける一方だ。こうした水不足に酷暑や進行する砂漠化とが相まって、農業が非常に困難になっている。その結果、男女ともに（とはいえ大半は男性）仕事を求めて農村部から出ていき、残してきた家族へ仕送りするお金を稼ごうとする。残された家族はその世帯の女性たちに大きく依存している。母や娘がさまざまな責務を負っているが、なかでも一番重要なのが水汲みである。これはモロッコ各地で、そして世界各地でよくある状況で、エイトバハムレインの村々も例外ではない。気候変動の影響を受ける前でさえ、家族に必要な1日10リットルの水汲みという重労働に、女性たちは来る日も来る日も多大な時間と労力を費やしていた。気候変動が激しくなるにつれて雨量が減り、地元の井戸が枯れ始めたため、女性たちは水のありかを求めてどんどん遠くまで歩いていかざるをえない。水汲みに1日3時間以上費やしていたケースもあり、もう限界に近づきつつあった。

ダルシフマッドが導入したこの「霧捕集」のしくみは実に感動的だ。地域の村々より標高の高い丘の斜面に、計600平方メートルの複数のネットを設置し、朝霧を捕集している。こうして集められた水は、長さ1万メートルのパイプを通って7つの貯水槽（合わせて539立方メートルの水を貯蔵可能）へ流れ込み、そこから5つの村の計52世帯、400人の住民の元へ届く。村の居住人口の大半が女性である。このしくみは、各世帯に1日約12リットルという、十分過ぎるほどの水を供給している。水道代は前払いのシステムだ。蛇口をひねれば水が出ることが、数百人の女性とその家族の暮らしを一変させている。時間もエネルギーも奪われる水汲みの日々から女性たちを解放しているのだ。たとえ気候変動が影響をもたらしていなくても、この霧捕集システムを設置した価値はあったはずである。ダルシフマッドは女性が率いる地元NGOであり、そこをよく理解している。だからこそ、このシステムがうまくいった時点で活動をやめたりはしなかった。そのつもりはまったくなかった。全体的な観点から見て村の発展を考えているからだ。

ダルシフマッドはこの霧捕集システムの設置・メンテナンス・拡大を見届けるだけでなく、同プロジェクトを実施している村のベルベル人女性にもっと自信を持たせようと取り組んでおり、そのことが同プロジェクトの成果を何倍にもしている。こうした女性たちは、水汲みから解放されて浮いた時間を活用することに熱心で、ダルシフマッドで農業生態学(アグロ・エコロジー)の技術を学んだり、農場経営を学んだり、デジタルや読み書きのスキル向上に役立つワークショップに参加したりしている。また、霧捕集システムの維持管理のしかたを教わったり、現金収入につながるさまざまなプロジェクトの開発に共同で取り組んだりもしている。こうして、成功が成功を呼ぶ。ダルシフマッドは、近隣の村々からの関心に応えて、ドイツ企業のアクアロニスと提携し、さらに先進的なモデル「クラウドフィッシャー」〔雲釣りの意〕にアップグレードし、いまでは1700平方メートルの霧捕集ネットを順調に稼働させている。このシステムのおかげで、現在はさらに8つの村にも水を供給し、そうした村の女性たちも、ダルシフマッドの各種教育プログラムに参加している。

気候崩壊による水ストレスに陥る地域が増えるにしたがい、霧捕集プロジェクトがさらに広がりつつある。アフリカのほかの地域だけでなく、南米や北米にも、ヨーロッパやアジアにも同様の例がある。ダルシフマッドの成功には勇気づけられる。霧捕集が成功例のひとつであるのは間違いない。すぐにでも「クラウドフィッシャー」を買いにいき、霧が発生する世界中の山間部のすべての農家に1台ずつ配りたくなる。しかし、モロッコのこのプロジェクトがこれほど注目されている理由を忘れてはならない。これは技術面に加えて社会文化面でうまくいっている例であり、特に後者に重点が置かれていることを認識しなければならない。この装置と配水網はもちろん見事だが、注目されているのは技術そのものではなく——霧が常に発生するところなら霧捕集ネットはどこでも設置できる——、結局は、この適応策を選択したことでエイトバハムレインの村人たちにもたらしている変革の力なのである。

霧捕集のおかげで以前は不可能だったことが可能になり、エイトバハムレインの暮らしは著しく向上している。したがって、地域住民から非常に重要視されているインフラのひとつになっている。つまり、外からの資金援助や補助金がゆくゆくは打ち切られても、地域住民が「自分たちの」霧捕集システムを運営・維持管理していく責任を負う意欲も準備もあるということだ。したがって、使われなくなってしまうことはない。ダルシフマッドの全体的アプローチはこの点できわめて重要である。ここで学ぶべきポイントは、技術革新の良し悪しは、それを取り巻いている社会・経済・環境・教育面の取り組み次第、ということなのだ。

霧捕集には非常に大きな可能性があるが、これを大規模に成功させるには、その実施団体が長期にわたって支援していく仕組みづくりに取り組むことが不可欠である。ダルシフマッドは単に地元のNGOというだけでなく、この地域社会の一員だ。ここを拠点にしているだけの、あるいはここを援助するためだけの存在ではない。ダルシフマッドのモデルはほかでもまねられるが、その地域社会に適していなければならない。適応モデルはほかならぬその地域住民のモデルでなければならない。

気候緊急事態を宣言したのはそういうことだったのか

政治は気候変動対策を阻む主たるもの、とよく言われる。国や国家間レベルでは特にそうらしい。さまざまな利害関係が進展を阻み、硬直化がはびこり、各国の任意の取り組み（たいていは不十分）が通例となっている。それでも地方レベルで見れば、励みになる兆しがいくつかある。地方政治が抜本的対策を進んでとろうとするケースが増え始めている。

２０２０年初め、イギリスが新型コロナウイルス対策のロックダウンを実施する旨をボリス・ジョンソン首相が発表する数週間前のこと、ウォリック郡評議会本会議が、自治体税（カウンシルタックス）〔自治体が住居に課すもの〕の34・2パーセント引き上げ、という前例のない大幅増税案に対する投票をおこなった。提案された年57ポンドの増税分――資産価値が高い住居にのみ課税される――は、用途限定資金として、同郡評議会が「気候非常事態対策プログラム」を実施できるようにするという[83]。この議案は可決され、そのことがイギリス国内でしばらく大きな話題になった[84]。

ウォリックシャー州は、イングランド中部、バーミンガムの南西、オックスフォードシャーの北に位置している。文化的にも地理的にもミドルイングランドであり、急進的な気候変動政策が活発なところとしてまず思い浮かぶような地域ではない。ウォリック郡評議会は、このウォリックシャー州の5つの郡（ディストリクト）評議会のひとつであり、ウォリックと、その隣のレミントン・スパの両郡をカバーしている。

両郡合わせて約15万人が住んでいる。

ウォリック郡評議会は通常は保守党の地盤だが、2019年5月の地方選挙で状況が変わった。野党への支持が急増し、特に緑の党と自由民主党はそれぞれ7議席増やした。その結果、力が拮抗する2つのグループが生まれることになった。労働党（5議席）、自由民主党（9議席）、緑の党（8議席）を合わせて22議席となり、全44議席の議会で1つのグループを形成している。保守党は31議席から19議席に減らし、ウィットナッシュ住民連合党（3議席を維持）と合わせて、もう1つのグループを形成している。

これで政治の膠着状態に陥るのではなく、この2つのグループが協力し、「気候非常事態」宣言（2019年6月）、不動産価値がもっとも高いものに対する自治体税増税案、いずれも満場一致で票決しているのだから驚きであり、頼もしくもある。気候変動への抜本的対策をとろうとする政治的意欲がそこにある。しかし、自治体税の増税――世帯あたり週1ポンドの追加負担に相当――を同郡評議会が課すには、有権者からの明確な支持が必要になる。議案は住民投票を経ること、と法律で決められているからだ。議員は増税案を支持しているが、住民はどうだろうか。

新型コロナウイルスのパンデミックがなければ、その結果はもう出ていたはずである。住民投票は2020年5月7日に予定されていたが、延期となった。無期延期の可能性もある。同郡評議会はこの喪失感を埋めるべく、気候変動についての「住民調査」を準備し、2020年のクリスマスシーズン前後にオンライン調査をおこなった。この調査期間中、住民代表30名が10回の会合を開き[85]、気候変動のさまざまな分野の専門家から話を聞き、提示された証拠について話し合い、自分たちでも調べたうえで、同郡評議会に提出する「住民代表共同声明」と一連の勧告内容を練り上げた。

この声明（全文は36ページ参照）と勧告内容に議員たちは勇気づけられただろう。住民代表者30名のうち27名がこの勧告内容についての投票をおこない、21名がこの声明を「強く支持」、3名が「支持」、2名が「支持も反対もしない」、「強く反対」したのは1名のみだった。これだけ支持されているということは、住民も間違いなく意欲的であり、自治体税引き上げについての住民投票がおこなわれれば、そのことが明らかになるだろう。

新型コロナウイルスのパンデミック後にいずれこの住民投票が実施されれば、イギリス中（ひょっとすると世界中）の大小を問わずあらゆる規模の地方議会が関心を持って見守ることになりそうだ。ウォリック郡評議会は非常に影響力のある先例となり、地元住民主導型の気候非常事態対策で地滑り的勝利を引き起こすかもしれない。この住民投票がたとえ無期限の中止や延期になったとしても、あるいは、実施されて住民が増税に反対したとしても、ウォリック郡はやはり非常に頼もしい先例をつくったことになり、来るべき世界のひとつの兆しとなるかもしれない。政治理念がさまざまな議員で構成されている一地方議会が、富裕層の自治体税を34・2パーセント引き上げる増税案を――それも気候変動対策のために――満場一致で可決できるのなら、ほかの地方議会でもきっとできるはずだ。

では、あらゆる理念やタイプの議員にここまで思い切った増税案を支持する気にさせたものはなにか。正確なところははっきりしないが、その手がかりが同郡評議会の「気候非常事態対策プログラム」の主要報告書と「クライメート・アクション・ナウ」（CAN）キャンペーンに見られる。(86) このCANは自治体税増税案への議員投票がおこなわれる際に立ち上げられたもので、超党派の支援を受け、ウォリック郡評議会議員たち自らが率い、いずれ実施されることになる住民投票には「賛成」票を投じるよう、住民を説得するためのものである。CANは、気候非常事態のさまざまな原因への取り組みに重点を置いている。したがって、温室効果ガス排出量を大幅に削減する必要性に対する意識の高まりに直接応えるものである（同郡の「住民調査」チームの勧告内容を反映している）。議員たちは、自分たちが提案した排出量削減計画案には次のようなウィンウィンの利点がある、と称えている。街なかの緑が増える、空気汚染が減る、公共交通機関が環境にもっと優しいものになる、公園や憩いのスペースもグリーン経済の仕事も増える、など。

「気候非常事態対策プログラム」の主要報告書には、さらなる詳細が明記されている。ウォリック郡評議会は「気候変動への対策を講じること」によって「同郡を2030年までに、暮らし、働き、訪れるのにすばらしい、カーボンニュートラルな街」にすることが可能、と明言している一方で、適応戦略の必要性も強調し、そうした戦略をどのように実施するかを詳しく述べている。気候変動が地域住民に直接もたらす影響も、イギリス政府には自分たちを救援に来る手立てがおそらくないだろうことも、同郡評議会は認識している。特に懸念しているのが、洪水や熱波が発生する頻度も強度も高まっていることであり、「異常気象が起こってから対応するのではなく、先を見越した計画」の必要性を強調している。主要インフラが損なわれることがないよう、同郡評議会自体がしっかり適応している状態を目指しているが、企業、公共機関、住民団体に対しても、それぞれの長期事業計画に適応戦略を組み入れるよう奨励し、指針を示す予定になっている。

期待が持てる兆しもいくつかあり、同報告書で奨励されているさまざまな適応策が、排出量の削減や生物多様性の向上への取り組みを補うことになりそうだ。たとえば「炭素隔離や『冷却』のための植林、といった適応策を支援する」とある。[87] 全体的かつ長期的な対応であるのは明らかである。

ウォリック郡評議会は「２０１７年英国気候変動リスク評価」[88] の勧告内容を参考に、主要対策分野を次の４つに特定している。

1　降水量の増加に対処する洪水対策計画づくり
2　高気温や熱波に適応する医療および福祉の緊急時対応計画づくり
3　公共水道の保護計画づくり
4　自然資本の保護計画づくり

ただし、こうした適応計画が、議員やＣＡＮの訴えの前面にくることはほとんどない。緩和計画にはるかに重点を置いているからだ。適応の専門家たちが例の「住民調査」には参加しなかったことも目を引いた。同郡評議会とＣＡＮは、気候変動対策への支持と――もし実施されれば――住民投票での賛成票を得やすいのは、気候カオスについての不安に訴える戦略である、と踏んでいるらしい。

このように、緩和策重視の姿勢が、気候非常事態を宣言している自治体の大半で繰り返されている。

ウォリック郡住民による緩和の取り組みが、ほかの自治体でとられている対策と相まって気候崩壊の加速に歯止めをかけ、その影響の軽減につながることを期待したい。しかし、ほかの自治体でとられている対策の具体的な内容や規模をウォリック郡（評議会）が左右できるわけではない。一方で、この地域の気候崩壊への適応策は、自治体としてのウォリック郡の手腕にかかっている。地元レベルでできること、なすべきことはいろいろあり、今後なんらかの住民投票*で賛成多数となれば、多くのことが実施できるだろう。ウォリック郡評議会のリーダーシップ、地元住民の幸福に対する先見の明と長期的コミットメントは、非常に勇気づけられる希望の印であり、ほかでも見習うべき例と言える。

ウォリックからデウサまでの長い道のり

裕福なミドルイングランドの街の暮らしと、ネパールの山奥の村の暮らしとの違いを数字で示すのは難しい。ウォリックにもさまざまな不平等があるとはいえ、世界でも裕福な国のなかでも裕福な街であることに変わりはない。デウサ村はネパール東部のソルクンブ郡にある。近くにはメラピーク山が聳え、あの壮大なサガルマータ（エベレスト山のネパールでの呼び名）の約60キロメートル真南に位置する。デウサ村は裕福の対極にある。世界でも貧しい国のなかでも貧しい地域だ。それでも、ウォリックも、デウサも、気候変動に適応していかなければならない。

気候変動はさまざまなかたちでネパールに影響を及ぼしている。一番目を引くのは高山氷河の後退であり、その光景はまさに象徴的だ。しかし、デウサのようなほかの地域では、気候変動の影響はそこまですぐ目に見えるものではない。土砂崩れ、干ばつ、洪水、害虫、水不足、熱波のかたちで現れる。こうした一切が組み合わさり、農村での暮らしを非常に困難なものにしているが、ありがたいことに、適応は可能である。必要なのは、そのための手段、研修、専門知識、コミットメント、変化を受け入れようとする態度、そしてもちろん、資金である。

グレイシャー・トラストはロビン・ガートンによって２００８年に設立された。ロビンはイギリスで資金集めをし、気候変動の適応策や教育を可能にしているネパール国内の複数の団体にその資金を渡そうとしていた。残念なことに、わたし自身はロビンに会えずじまいだった。ロビンは２０１５年にスコットランドで単独トレッキング中、痛ましいことに亡くなってしまった。ロビンの身になにが起きたのか、いまだにだれにもわからない。行方がわからなくなり、長期にわたる手探りの捜索の結果、とうとう遺体で発見されたことは、親族、友人、そしてグレイシャー・トラストに関わるすべての人々にとって大変なショックだった。ロビンはイギリスでも、ネパールでも、わたしたちの思い出のなかに生きている。

＊訳注　原著刊行後、住民投票は無期延期になったが、先の「住民調査」がきっかけで、同郡評議会による「気候変動アクションプログラム（Climate Change Action Programme）」の公表につながった。このプログラムには３つの目標と、それをどのように達成していくかが詳述されている。たとえば目標３「適応２０５０」は、「地球の平均気温が２１００年までに少なくとも３℃は上昇している可能性に対し、環境もコミュニティも適応できているようにする」とある。https://www.warwickdc.gov.uk/info/20468/climate_change/1718/climate_change_action_programme/4

わたしがグレイシャー・トラストに加わったのは２０１６年後半で、以来、ロビンの親族や友人と、イギリス、ネパール両方で知り合うことができた。ロビンの奥さん、娘さん、息子さんのほか、姪や甥やいとこたちと食事をしたこともあり、全員がこの活動のすばらしい仲間であり、熱心な支援者だ。ロビンの人となりや活動を知れば知るほど、わたしはロビンにどんどん感化されていく。なかでも一番感化されたのは、ロビンがこの活動の主導者ではなく、そうなろうともしなかった点だった。ロビンは一設立者として、グレイシャー・トラストはさまざまな意見にしっかりと耳を傾ける、という方針を非常に明確にしていた。本質的に謙虚なこの姿勢が、グレイシャー・トラストの活動の核となっている。わたしたちは資金は出すが口出しはしない「サイレント・パートナー」ではないから、可能な場合はアイデアや知見を口にはするが、気候変動の専門家ではなく、専門家に機会を提供する役回りだ。そうした専門家たちはネパールに住んでいる。

わたしは、深い信頼関係に基づいたロビンの取り組みかたに大いに刺激を受けているし、グレイシャー・トラストが定着するにつれて、あるビジョンが実現していく様子を目の当たりにできることをとても幸運に感じている。その設立以来、当初のそのビジョンはプロジェクトとなり、それがいま急速にムーブメントになりつつある。贔屓目かもしれないが、デウサ村で始まったことは「すばらしい」適応例になるかもしれない。この事例を広く知ってもらい、森林農業（アグロ・フォレストリー）、農業生態学、農業生物多様性（アグロ・バイオダイバーシティ）の目標に取り組むプロジェクトが、ジェンダー平等、持続可能な開発、気候変動の緩和および適応についての目標とクロスして、こうしたさまざまな課題にまたがる進捗につながっていく様子を説明したい。

ロビンはかなりの時間をネパールで過ごし、気候変動、開発、コミュニティ・オーガナイジング〔地域住民が共通の利益のために協力して行動できるように組織化すること〕の多くの専門家たちと知り合った。ロビンが築いた活動上の人間関係は、むしろ友情関係に近く、グレイシャー・トラストとパートナー関係にある複数のNGOとのつながりはいまでも非常に強い。ロビンが築いた人間関係のなかでも特に重要なひとりが、ナラヤン・ダカルだった。ナラヤンが専務理事を務める「エコヒマル・ネパール」は、独立系ながら世界的ネットワークを持っているNGOである。ナラヤンは自ら考え、人や物を集め、行動する。カトマンズにある事務所と、サンクワサバー、カーブレ・パランチョーク、ソルクンブの3つの郡の山村での仕事に、ほぼ半分ずつ時間を割いている。

＊

ロビンとナラヤンは（出会ってからまもない）2007年、ソルクンブ郡の山間部を一緒に歩いて回りながら、開発および気候変動への適応の一戦略としての有機森林農業の可能性を話し合っていた。森林農業を新たに採り入れ、環境保護の観点からも経済的観点からも成功していたこの地域のひと握りの農家に、ナラヤンがロビンを紹介して回っていたのである。ふたりで村から村へと歩きながら、こうした山奥の村々に森林農業と農業生態学を広げていくためになすべきことを話し合った。ナラヤンがロビンに提示したあるアイデアは、ロクヒムという地区やその周辺に住む農家や地域住民のリーダーたちとの話から思いついたもので、この地域の中心部に森林農業の拠点となる施設を設けようというものだった。地元住民による、地元住民のための拠点となり、影響を受けやすい辺境に住む人々が直面しているほかのさまざまな問題の根本原因に取り組む活動を補完するやりかたで、気候変動への適応を可能にする、というアイデアだ。こうして、地元住民主導型の「森林農業資料センター（ＡＦＲＣ）」という案が生まれた。

当時のネパールは10年ほど続いた内戦からちょうど抜け出しつつある頃で、新しいプロジェクトを立ち上げるのは困難だった。グレイシャー・トラストもまだ活動を始めたばかりだった。ロビンはこのプロジェクトの立ち上げに必要な資金を「エコヒマル・ネパール」にすぐには提供できなかった。しかし、森林農業資料センターを実現させたい地域コミュニティをナラヤンが見つければ、その立ち上げのための資金集めはグレイシャー・トラストに任せてくれ、と約束した。ロビンはイギリスへ戻るとすぐに、この構想をさらに詰めるようナラヤンに促した。ナラヤンはこの構想をなるべく多くの住民に聞いてもらうため、ソルクンブ郡の各村を回り始めた。この構想に対する村人たちの熱意のほどを確認したかったのだ。こうしてさまざまな意見や見解を集め、森林農業資料センターを実現させる方法を模索した。

＊

２０００年後半から２０１０年前半、ソルクンブ郡南部の村々もまた、ネパールのほかの多くの農村部と同じ方向へ向かう恐れがあった。人口流出、社会問題や環境問題の増加である。エコヒマルはこうした村々で公衆衛生および教育のプロジェクトにすでに取り組んでいた。地域コミュニティと協力し、学校や上下水道設備を建設していた。おかげで、子どもたちは教育を受けられ、野外排泄は根絶し、多くの世帯の生活環境全般が向上していた。それでもナラヤンは、この地域が社会的、環境的、経済的にも発展しないかぎり、こうした開発による進歩もいずれ失われてしまうことを懸念していた。

気候変動のさまざまな影響への認識が高まるにつれて、土地も地域コミュニティも急速に衰えだすのではないかという恐れが迫り始めていた。したがって、経済成長戦略は気候にも環境にも配慮したものでなければならない。また、社会的にも経済的にも環境的にも脆弱な環境において、このいずれにおいても持続可能な戦略でなければならない。有機森林農業をコミュニティ・オーガナイジングおよび協同事業モデルと組み合わせることで、前へ進められそうに思われた。ナラヤンはこれを「森林農業資料センター（ＡＦＲＣ）」構想の核として、ソルクンブ郡のすべてのレベルの意思決定者たちに説明し始めた。

こうして各地で説明して回っているうちに、地元住民主導型ＡＦＲＣの、より具体的なビジョンが明確になり始めた。理想のＡＦＲＣには、活動の中心となり、村の住民が自然に集まる拠点となる建物が必要となる。そこに事務所、研修所、食堂、厨房、宿泊所を備える。「野外教室」の一環として、実際に栽培する菜園も備える。森林農業、有機農業、気候変動への適応について、ただ「教える」だけでなく「実際にやってみせる」ためである。

ナラヤンはこうしたビジョンをなるべく多くの住民に説明したが、どこに建設するつもりだ、だれが運営するんだ、どうやって元を取るつもりだ、だれが得をするんだ、と疑問視された。しかし、人々がこの構想をはっきりと理解するようになるにつれて、それに対する熱意も高まっていった。このモデルの核となっている地域住民主導の精神は、開発計画にありがちな「エリート・キャプチャー」（地元有力者による横領など）を防ぐ。この森林農業資料センターを建設することで、その村の裕福な人がさらに裕福になることも、すでにある不平等や不公平が悪化することもない。適切に運営されればその逆になるはずで、ナラヤンが説明して回っている、取り残された弱い立場の人たちほど、そのことが理解できるだろう。そうした人たちなら、森林農業資料センターの一員になってもらいやすく、その計画づくりと運営になんらかの役割を果たしてくれるだろう。

この構想への支持を呼びかけて2年たった頃、ある申し出がナラヤンの元に舞い込んだ。ソルクンブの郡都サレリで郡議会に出席し、説明することになったのだ。この議会には同郡の100名を超える有力者たち——政治家、地方行政のさまざまな部門の役人、NGOの職員やリーダー、報道機関、ソルクンブ郡南部の各地から来た関心のある住民——が出席していた。ナラヤンの説明はうまくいき、このアイデアへの賛同も得られ、その概念も、エコヒマルとグレイシャー・トラストが担うことになる始動の役割も、「村民のための、村民による」精神も、理解してもらえた。

質疑応答や議論を重ねたあと、話し声がようやく静まった。多忙ななか集まってもらったこと、さまざまなアイデアを出してもらったことに、ナラヤンが感謝のことばを述べ始めると、デウサ村のラム・シャングララーサ・キラティ議員が挙手した。ラムには何度か会ったことがあるが、自分の村の住民の真の代表者であり、住民のニーズ、切望していること、気性をよく理解している男性だ。ラムが挙手したのは、自分の村をナラヤンに売り込むためだった。この森林農業資料センターを是非、わがデウサ村に建設してもらいたい、計画の始動に向けて村の予算やリソースの一部を喜んで提供させてもらう、と発言した。これこそ、ロビンとナラヤンが待ち望んでいたチャンスだった。2カ月後のある住民集会で、ラムとナラヤンがこの構想のあらましをデウサ村の住民に説明したところ、反応は上々で、早速、最初の委員会が結成された。その後まもなく、この委員会の幹事で地元の主力農家のティラク・ライが、ロビン、ラム、ナラヤンを村に招き、デウサ森林農業資料センター（ＡＦＲＣ）の建設用地探しの計画づくりに協力してもらった。次の２つの方針で用地を探すことに合意した。

- 資材や人々が比較的出入りしやすいよう、道路に近い土地（比較的、としたのは、舗装道路ではないため）。
- 限界耕作地、つまり、傾斜が険しくて耕作が困難なため、現在、農地として利用されていない土地。

後者には２つの利点があった。まず、限界耕作地なら、売却してくれるよう所有者を説得しやすい点。もう１つは、有機森林農業や示したいほかのすべてが限界耕作地で可能であることを、デウサＡＦＲＣが証明できれば、より適した土地でもうまくいく、と農家に自信を持ってもらえる点である。

ロビンはデウサ村まで出向き、ティラク・ライと協力して用地探しを始めた。エコヒマルに雇われてすでにこの地域で働いていたモハン・ライとサンギタ・シュレスタも加わった。この４名が建設用地を探してデウサ中を歩いて回った。やがて、ここなら、と思える場所が見つかった。道路のすぐ下にあり、小さな集落に近いその土地は、傾斜が急で、たまにヤギが通る以外はだれにも使われていなかった。ところが、この土地には所有者が４人いた。当初は困難な状況に思われたが、結局はそれが吉となった。

4人の所有者全員――ラム・バハドゥル・ライさん、マイナ・クマリ・ライさん、ハルカ・バハドゥル・タマンさん、ジート・バハドゥル・ライさん――が、この計画を聞いて、自分の所有分をこのプロジェクトのために提供することに同意してくれたのだ。この4人がデウサAFRC委員会の設立メンバーとなり、全員が同プロジェクトに賛同したこともまた、この構想が地域住民に受け入れられている様子を示すものだった。委員会にはさらに4名の支持者がすでに加わっていた。

デウサAFRCは1年ほどで独立NGOとして設立され、この土地を譲り受ける準備が整った。つまり、この地域住民全員の土地になったのである。2012年末までに、建設用地、役員会、地元住民からの支持が揃ったことになる。大きな課題もまた目の前にあった。この用地は石が多く、急斜面で、草木が鬱蒼と茂っていた。ビジョンの実現には膨大な作業が必要だった。次に起きたことは、この地域社会の支持の大きさをまさに物語るものだ。

ナラヤン、ラム、ロビン、それに、このAFRCで可能になるかもしれない夢に触発されたデウサ中から1000人が、用地整備にかかるのべ3000日分の作業をボランティアでおこなったのだ。メインとなるセンターの建物と、トイレ、厨房、事務所を別に建設するのに十分な広さの土地を、みんなが協力して平地にした。こうした建物用地の下方および両脇の部分は10段の段地に切り開き、250ヘクタールの農業用地とした。この段地は苗木や若木、有機野菜を育てる段々畑になる。いずれもいまではすくすくと育ち、露地でもビニールハウスでも多種多様な作物が栽培されている。ほとんどが地産地消のため、デウサで入手できる農作物の量も種類も増え、住民の食事内容も農業の多様性も向上している。

ＡＦＲＣの用地のそれ以外の土地では、このセンターに雇われている農業の専門家たちが、管理された環境下で試したい作物を栽培している。条件をいろいろ変えてみて、よく育つ作物を突きとめようとしている。それがわかれば、ここの気候に適した農作物をＡＦＲＣのメンバーに勧められる。

２０１３年にはこの段々畑が整い、各種研修がスタートした。地元の農家たちがやって来て、果樹の適切な植えかた、家庭菜園の作りかた、害虫から農作物を守るためにできること、水の有効利用の方法などを学んだ。以来、こうした研修が毎週おこなわれていて、農家ならだれでも参加できる。男性が参加者の半数をわずかに上回るが、女性の存在も大きく、研修を受けるグループにはさまざまな人々がいることが、その成功のひとつのカギとなっている。この研修グループは、専門家から学ぶだけでなく、互いからも学び合い、有機栽培をおこなったり、農業の多様性を通じて気候変動へのレジリエンスを培ったりしている。

２０１４年、デウサＡＦＲＣのメインとなるセンター建設の基礎工事が始まった。このときも地元住民がボランティアで作業をおこなった。3階建てのこのセンターが完成したのは２０１５年で、皮肉なことに、ネパールが壊滅的な地震に2度襲われた年だった。幸い、この建物は無事で、構造上の損傷は一切なかった。検査の結果、安全に利用できることが確認された。センターの１

デウサ村でのコーヒーの実の収穫

階はこぢんまりとした多目的ホールで、集会、研修、講演のほか、午前中は託児所として使われることもある。2階と3階には小さな事務所ひとつと宿泊部屋が3室ある。ここは世界中でもわたしが特に気に入っている宿泊所だ。

ロビンが最後にデウサを訪れたのは2014年の終わり頃だった。建物の外壁ができ上がっていく様子は目にしたものの、完成を見ることは残念ながらなかった。ロビンの思い出に捧げる銘板がセンターの正面玄関に設置されていて、常にほこりひとつない状態に保たれている。わたしはここを訪れるたびに、この銘文を必ず読んでいる。

*

デウサAFRCのそれ以外の土地は、農家が採り入れられそうなほかの方法を提示するのに割り当てられた。気候変動は、ネパールの雨季・乾季ともに影響を及ぼしている。モンスーンはますます不規則になり、当てにできる降雨予測は過去のものとなっている。乾季はこれまで以上に雨が降らなくなっているため、わずかな雨もムダにはできない。デウサAFRCでは、雨水を集めて溜める方法を説明するために、雨水用の溜め池が掘られ、建物の屋根から樋が取り付けられていた。気候変動の影響のひとつに適応するこの単純な策は、簡単にまねられる。農家にそのやりかたを見せ、そのために必要なツールを用意すればなおさらだ。これも、デウサAFRCがおこなっているさまざまな活動の一例である。

モンスーンが予測しにくくなるにつれ、その激しさも増すようになっている。いまの傾向は大水期と干ばつ期である。激しい豪雨は地滑りが増えている一因ではあるが、小規模の地滑りであってもさまざまな問題を引き起こす。建物の損壊、道路や山道の遮断のほか、下方にある畑の作物が被害を受ける場合もある。デウサＡＦＲＣへの山道は岩がちで非常に険しい斜面を横切るため、段地には適していない。それでもデウサＡＦＲＣはそこを雑草が生い茂るままにはせず、斜面を安定させて地滑り防止につなげるためにできることを示すひとつの策として、ホウキグサ〔エニシダの英語の通称〕を植えることにした。ホウキグサはほかにも利用できる。先端部分を定期的に刈り取って家畜の飼料にできるし、この通称からわかるように、刈り取って束ねると箒にもなる。箒の作りかたはデウサＡＦＲＣで教えているから、ホウキグサを大量に植えている農家は、箒を作って地元の市場で売ることで収入の足しにできる。

　デウサＡＦＲＣが展示している緩和策や適応策はほかにもある。別棟トイレの屋上に太陽熱温水器を設置しているほか、節水のさまざまな工夫を農場でも家庭でもおこなうよう奨励している。さらに、自分たちが説いていることを自らも熱心に実践している。コンポストトイレ〔微生物の力で排泄物を肥料に変えるトイレ〕を備え、その最終物を利用して有機肥料の作りかたや使いかたを農家に教えている。こうした新しいアイデアすべてが、考えかたも、できることの認識も、変えつつある。デウサＡＦＲＣとその利用者たちは、気候破壊に直面しながらでも繁栄できる輝かしい一例である。

*

　では、「森林農業」のほうはどうだろうか。「森林農業資料センター」の名称どおり活動しているのか。ソルクンブ郡のこの地域の農業活動を一変させつつある、といって差し支えないだろう。気候変動への適応および持続可能な発展戦略のひとつとして、森林農業を始めている農家がどんどん増えている。森林農業とは、要するに樹木栽培である。樹木を育て、間伐や伐採をおこない、フルーツ、ナッツ、飼料、材木を手に入れる。世の中にはぞっとするようなモノカルチャーで化学肥料や農薬を用いるような森林農業もあるが、農業生物多様性に重点を置いた有機的なやりかたも可能だ。森林農業は、気候変動による問題の一部——地滑り、熱波、食料不足など——に対する自然を基盤とした解決策のひとつである。また、山村部の労働力が経済的理由で町へ流出せざるをえないなか、それほど労働力を要することなく、地元で働けるひとつの手段でもある。

デウサ村では何千軒もの農家が、フルーツ、ナッツ、標高によるスペシャルティコーヒー豆を栽培できるようになりつつある。こうした作物は、栽培、加工、販売が容易とは限らないが、エコヒマルとデウサAFRCが提供している研修や農機具のおかげで可能になっている。通常、コーヒーの木はバナナの木陰で栽培し、その下では根菜類を育てている。これは「レイヤー農法」という手法で、広くおこなわれていて、収益性も高いことがわかっている。さらにおまけとして、樹木が大きくなれば木陰ができることも、気温の上昇につれて重要になる。夏の猛暑時はなおさらで、新たに樹木が生い茂るようになったところが微気候〔ごく局所的な気候条件〕になり、冷却効果を人間や動物にもたらしてくれる。樹木は米やキビなどの草よりも多くの二酸化炭素を吸収するから、緩和策にもなる。

研修や農機具ももちろん重要だが、もっとも重要な3つめの要素は、協力だ。エコヒマルはその促進になくてはならない存在であり、デウサAFRCや地元コミュニティと緊密に協力し、フルーツやコーヒー豆の栽培農家協同組合をデウサで立ち上げている。この協同組合にはジェンダーバランスのとれた

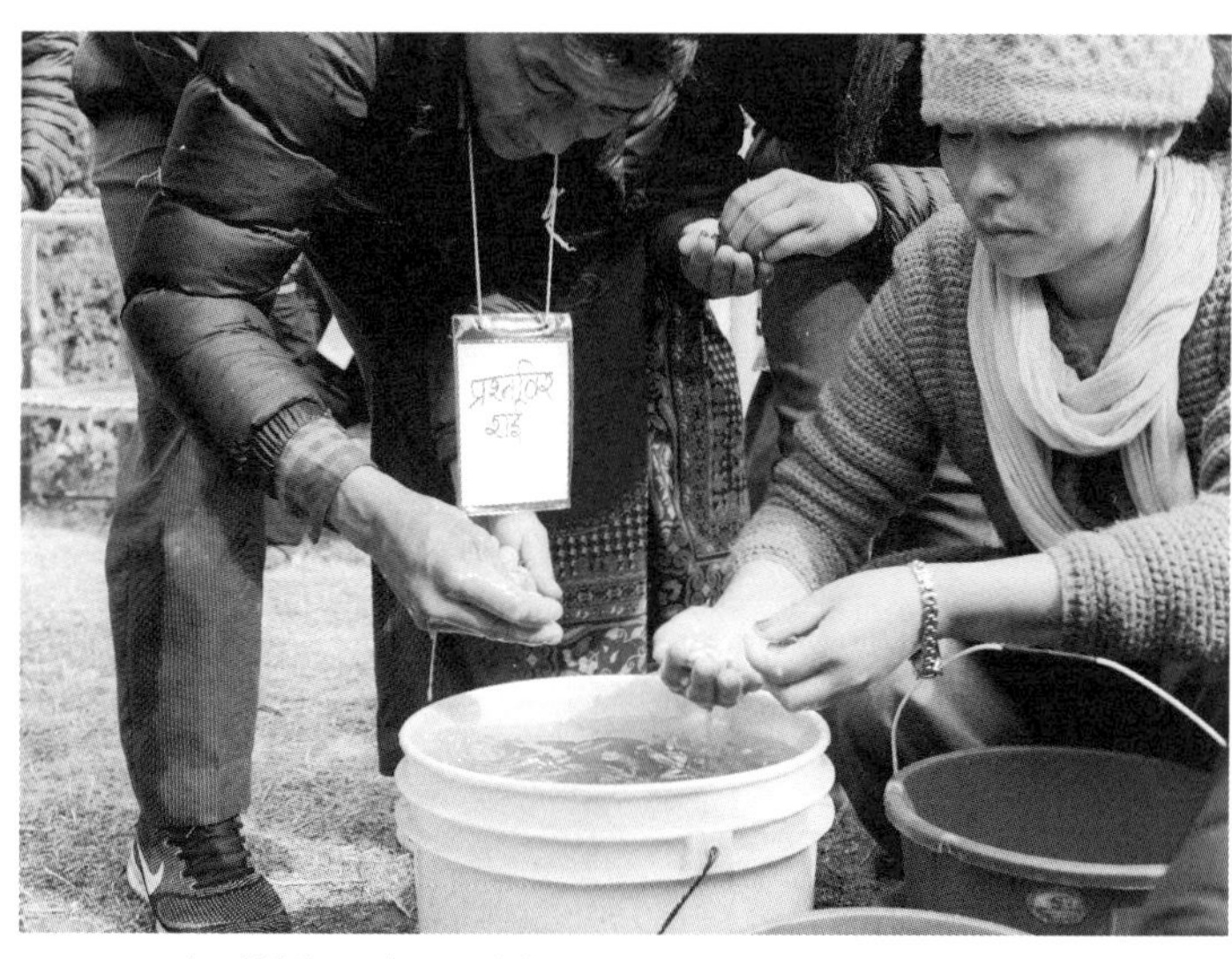

コーヒーの実の精製処理（デウサ村）

運営委員会があり、デウサＡＦＲＣで会合を開いている。協同組合の農家たちは、コーヒー豆の収穫、内果皮（パーチメント）をつけた状態までの加工、遠く離れた首都カトマンズで販売するための輸送準備を共同でおこなっている。エコヒマルは、適正価格で購入してくれる買い手や焙煎所を探しながら、こうしたつながりの強化を促している。グレイシャー・トラストも焙煎済みコーヒー豆数キログラムをイギリスになんとか持ち込み、「ネパール氷河（グレイシャー）コーヒー」として支援者に販売している。

　デウサＡＦＲＣは、コーヒー豆のほか、ヘーゼルナッツ、マカダミアナッツ、アーモンドも試験的に栽培している。こうした木をソルクンブ郡に根づかせ、さらなる農業生物多様性に、それに伴うレジリエンスにつながることを期待している。この戦略は農村部の高齢化問題にも好都合である。樹木の手入れや収穫は大変な作業とはいえ、耕作の重労働にくらべれば段違いに楽だ。若くて丈夫な労働力が都市部や海外へ移住するにつれて、耕作は徐々におこなわれなくなっている。

＊

デウサＡＦＲＣに対する要望が２０１４年から２０１７年のあいだに増え続け、出先機関が必要なことは明らかだった。その解決策として設立されたのが、ＡＦＲＣのミニ版となる「出張所」である。こうした出張所を管理しているのは経験豊富な農家で、自身が所有する土地をそのために提供している。こうした出張所が超地元密着型センターとなり、種、苗木、農作物の生産および販売を担うほか、デウサＡＦＲＣが研修をおこなったり、新たなアイデアを試したりできる新たな場所にもなっている。現在、デウサには出張所が７つある。なるべく多くの農家の力になれるよう考えて置かれているが、地理的にもよく考えて分散させてあるから、デウサＡＦＲＣの農業専門家は、標高や微気候の異なる場所で作物実験をおこなうことができる。

このいわば「ハブアンドスポーク」方式が注目を集め、いまではネパールのほかの地域でも採り入れられ始めている。２０１８年にはグレイシャー・トラストとエコヒマルに助成金が3年間与えられることになり、この方式をカーブレ・パランチョーク郡のマンダン・デュプルで実現させることになった。その後、この助成金はさらに3年間延長され、このマンダン・デュプルＡＦＲＣプロジェクトを２０２５年まで拡大する予定だ。エコヒマルはさらに、ある主要な助成金も獲得しており、ソルクンブ郡のすぐ南にあるコタン郡に3カ所、シンドュパルチョクに1カ所、ＡＦＲＣを建設する予定である。当初のＡ

ＦＲＣ構想が、ビジョンからプロジェクトに、そしていまやムーブメントになっている。これは気候変動適応策と持続可能な開発との組み合わせであり、今後数十年間にわたり、このヒマラヤ山脈の周辺で、そしておそらく世界中で、再現できるとわたしたちは信じている。

移住もひとつの適応策

すべての歩道にエアコンを完備、ブドウ１００品種を試験栽培、山全体に人工雪を噴射、どの街角にもクールルームを設置、必要な霧はすべて捕集、いずれも可能だろう。しかし——気候変動にうまく適応するには——それしかないとは限らない。移住すれば済む場合もある。気候変動による移住は、できれば留まりたい人たちが選択を強いられる最後の手段として、ネガティブに捉えられがちだ。太平洋に浮かぶ島が水没してしまうような場合はそれもあるだろうが、気候変動による実際の移住のストーリーにはもっとさまざまなニュアンスがありうる。

＊

環境ストレスに苦しんでいる農村地域はグローバルサウスのいたるところにある。気候変動はそうしたストレスの要因のひとつであり、農地や農家への水の供給に影響を及ぼしている場合はなおさらである。ますます多くの農家にとって、移住は数ある適応策のうちのひとつであるだけでなく、移住することでほかの適応策も可能になる場合が少なくない。ここで留意すべき重要な点は、季節移住を周期的に繰り返す方法もある、ということだ。新たな人生を求めて一家全員で故郷を捨て、移住先に永住するケースばかりではない。いずれ戻ってくる、少なくとも行き来するつもりで、家族のうちのひとりかふたりがほかの土地へ短期移住するケースもある。たとえば、移住先で仕事を見つけ、新たな技能や知識を身につけ、人脈をつくり、収入を得る。こうして適応力を高めれば、故郷で気候変動への適応に必要な機材や手段に投資できるようになる。

チュニジア中部の、季節によっては水がある塩湖ジェリドのすぐ南に位置するエル・ファウーアーでは、すでにある水ストレス状況が気候変動でさらに悪化している。住民は生きるために適応を余儀なくされ、農業で生計を立てていればなおさらである。研究者のカロリーナ・ソブスザク＝セルクとナイマ・フェキーは、農家が肉体労働や観光業にも従事して収入の多様化を図ろうとしている様子や、近所の人たちと協力して、井戸掘りに必要な機材の購入費用を分担する様子を調査してきた(89)。ほかの農村部、都市部、外国への季節移住は、不安定な暮らしがこれ以上悪くならないよう、故郷に投資して下支えするための新たな収入を得ようとする試みのなかで大きな割合を占めている。エル・ファウーアーの多くの家族にとって、移住は最後の手段の一適応策ではなく、将来、一家全員が移住せざるをえなくなるのを防ぐために先手を打ってのことだ。ある住民が、この調査チームの聞き取り調査に答えて次のように語っている。

収入源はいくつか組み合わせています。デーツを売ったり、フランスへ出稼ぎに行ったりしています。

チュニジアの塩湖ジェリド

トラクターで畑を耕す仕事もします。トラクターが1カ月か1カ月半ほど使えるのです。そのあとは隣りの人が使います。トラクターの仕事と、フランスで稼いだお金を合わせます。（略）いまはガレージをつくっています。農具や農作物を販売する場所を用意しているのです。（略）収入源をいろいろ組み合わせないと、ここでは暮らしていけません。（インタビュー番号H121、男性、サブリア村）

適応策としての移住はポジティブなものであり、故郷に（たとえ季節ごとだけでも）留まっていられるから、すべてを捨て去る必要はない。もちろん、移住も目新しい現象ではない。本来、人類はあちこちへ移動する生き物であり、長い人類の歴史を見れば、1カ所に定住するようになったのは比較的最近とも言える。ただ残念なことに、移住をネガティブなものと捉える「定住バイアス」は根強い。こうした先入観は、開発や気候変動適応のさまざまな現場にかなり広がっている。良かれと思ってのプロジェクトや計画の多くは、その目的がはなから強制移住を回避するための方策に集中し、移住がほかの適応策を可能にするひとつの策であるとは考えていない。もちろん、「適応策としての移住」促進には複雑な問題が絡んでいるから、家族にとっては一番避けたいことかもしれない。しかし、政策立案者が自らの「定住バイアス」をなくせば、適応策としての移住を可能にする方法を編み出せるのではないだろうか。移住したくても自力ではそうする手立てや機会がない人たちもいるのである。

「クライメート・アンド・マイグレーション・コアリション[90]（気候と移住連合）」のような団体が強調している適応策としての移住成功例を知れば、移住は適応を可能にするポジティブなもの、と捉えられるようになるかもしれない。移住は複数の適応策の組み合わせのひとつだと思えば、そこに永住する必要も、ネガティブなものである必要も、まったくないことがわかる。それどころか、季節移住を繰り返すことで、完全に移住せざるをえなくなるのを1世代か2世代先延ばしできるかもしれないし、その先の世代もずっとせずに済むかもしれない。霧捕集器を設置する必要があれば、その購入費に充てる助成金や融資を待つ必要などないではないか。家族のだれかが、季節労働者を求めているところへ移住できるようにすれば、そこで稼いだお金を故郷へ送り、霧捕集器をすぐに買えるようになるではないか。

コラム

善良な人々による誤適応策

オランダの歴史家ルトガー・ブレグマンの著書『Humankind　希望の歴史——人類が善き未来をつくるための18章』(*Humankind: A Hopeful History*)[81]を読むと、人間に関するある根本的真実に気づかされる。ブレグマンが真っ向から異議を唱えている、人間性についてのこの根強い通念は、これまで広がるがままにされてきた。それは、一見秩序がありそうに思える社会の内実は、利己的で堕落していて悪意があり、自分が束縛だと思っているものから逃れたがっている人々から成る（非）社会である、という通念だ。この通念は根強く、人間のさまざまな空想を支配しているが、根本的に間違っている、とブレグマンは主張する。大多数の人々は、自分のことしか考えず最大限得しようとする冷淡な人間などではない。思いやりがあり、優しく、危機の際は、競争心ではなく深い同情心で対応する。協力し、施し、公正を求め、自然を守り、正しいことのために立ち上がり、「共に」繁栄する。人類の歴史は適者生存というよりも、友好者生存の歴史なのだ。[82] もちろん、ナルシストも、うわべばかりを気にする人も、根が邪悪な人もいる。そういう人たちがニュースに取り上げられるからこそ目立つのであって、実はごくごく少数派なのである。ブレグマンが言うように、実際は「大多数の人が心の底では優しい」。

そういうわけで、誤解しないでほしいのだが、本書で取り上げている誤適応が「悪」なのは、そうした適応策に責任のある人々が根本的に利己的だからとか、自分たちのしていることのドミノ効果に無関心だから、と言いたいのではない。一部の人や企業には、自分たちの利益追求しか考えずに適応している例も確かに見られるが、ほとんどの場合、誤適応には別の理由がある。資金不足、短期生存しか視野にない、よこしまなインセンティブにそそのかされている、妥協を余儀なくされている、信頼している人のアドバイスに従っている、などが理由であり、けっして悪い人たちではない。

III

変　革

「エクスティンクション・レベリオン（絶滅への反抗）」や「フライデーズ・フォー・フューチャー（未来のための金曜日）」が最近の気候緊急事態宣言を勢いづけているが、気候変動に関するこうしたポピュリスト運動の問題点は、皮肉なことに、十分大きな観点で考えきれていないことだ。気候変動の政策に緊急事態性を負わせることが、政策の視線の向く先を、人類の幸福と炭素排出量削減を同一視する限定的論理に狭めてしまっている。つまり、二酸化炭素の排出量を減らせば世界はよくなる、とほのめかしているのである。

いま必要なのは、もっと幅広い観点で世界を考えることだ。二酸化炭素排出量をある時点までに確実にネットゼロにする、という単一の政策目標——わたしは「炭素の数字達成」と呼んでいる——では観点が狭すぎる。世界は目もくらむ速さで変化し続けており、特定地域で繰り返される地政学的紛争、政治や経済の勢力の入れ替わり、ナショナリズムの復活、といった難題に直面している。4度めの産業革命もすでに始まっている。人工知能、ゲノム学、材料科学、デジタル通信などの分野で先端技術が次々と生まれ、いずれも、人類の将来の暮らしかた、働きかた、行政のおこないかたを変える大きな可能性を秘めている。その一方で、さまざまな社会において、経済格差の広がり、社会的信頼の分断、科学知識に対するこれまでとは異なる種類の懐疑的な態度も見られる。

10年後、50年後、100年後であれ、気候変動を遅らせるには、こうしたすべてを考慮しなければならない。それができなければ、たとえゼロカーボンエネルギーを達成したとしても、世界はいまよりもひどくなるかもしれない。

——マイク・ヒューム〔ケンブリッジ大学人文地理学教授〕、2019年[91]

7 「いやもう大変ですよ、お先真っ暗です」

未来像と適応

本書はここまで、28の異なる観点から適応策を取り上げてきたが、ほかにももっとたくさんある。本書の第2弾が出るとしたら、建設業、保険業、スポーツ協会、スーパーマーケット、医療機関、エネルギー企業などがおこなっている適応策を取り上げるかもしれない。それほど、数え上げればキリがないのである。

適応事例には、すばらしいものもあれば、それほどではないものもあるし、にっこりさせられるものもあれば、不快な感じにさせられるものもある。本書には議論のテーマになるものをたくさん収めているつもりだ。そうした例を提供するのが本書の一番の目的だからだが、より広い議論のテーマを無視するわけにはいかない。本書のこれまでの内容のほとんどは「インクリメンタル（漸進的）」のカテゴリーに入る。つまり、気候変動はゆっくりと少しずつ増大するが、それ以外のすべては大筋では変わらないことを前提に考えられた適応策である。しかし、そうはならないかもしれない。マイク・ヒュームが訴えているように「もっと幅広い観点で世界を考える」(91)べき状況なのだ。

ことが気候変動となると、事態がいつ、どこで、どの程度悪化するのか、正確に予測するのはいまだに非常に困難である。気候はその理解も予想も難しい複雑なシステムであり、突きつけられている温室効果ガスの排出量に多かれ少なかれ影響を受けやすいかもしれないが、だれにも完全には、少なくとも決定的には、わからない。しかも、こうした一切が #RaceToZero〔ネットゼロをいち早く目指そうとする動き〕に集約されているため、排出量削減を目指して実際どのくらい対策がとられるのかが大いに不透明であり、こちらの確実性のほうがはるかに低いほどだ。地球温暖化はわかっていても、何℃上昇するのかがわからない。したがって、適応するために正確に「どのくらい」の改革が必要なのか、はっきりしないのである。

こうした予測問題が生じるのは、気候システムが——複雑すぎて、それ自体理解できない——難解なシステムであり、きわめて多くのほかの複雑系やサブシステムと影響し合っているからである。こうしたさまざまなシステムがどのように複雑に絡み合っているかを理解するのは、いまの状態でさえ容易ではない。ましてや、今後20年、30年にわたりどんな影響を及ぼし合うかを理解するのはほぼ不可能に思える。

ありがたいことに、こうした複雑さに意欲を失くしてしまう人ばかりではない。科学者たちは真剣に取り組み、起こりうるあらゆるシナリオをつくろうと躍起になっている。その結果、地球の未来について、非常に恐ろしいものから、比較的望みがあるものまで、幅広い未来像が生まれている。気候変動、人工知能、気候工学（ジオエンジニアリング）、デジタル技術、生物多様性の喪失、宇宙旅行、民主主義、宗教、遺伝学、大富豪の気まぐれ、こうしたすべてがこれから数十年間にわたって影響を及ぼし合うことを考えると、まったく気が遠くなる。未来は未知の世界だから、前向きに考えるのも、絶望のどん底に陥るのも簡単だ。しかし、向き合わなければならないもっと広い議論のテーマがある。

- 事態が実際にひどく悪化したらどうなるのか。
- 気候システムの影響が増大し、ほかのシステムすべてに有害な影響を及ぼし始めたらどうなるのか。
- 適応——いまおこなわれているような——は、そうなっても可能なのか。
- 「西洋」文明は、存続する、変質する、それとも完全崩壊するのか。

事態はひどく悪化する方向へ現に向かっている、という結論に達している人が、いまの気候変動運動のなかで増え続けている。こうした人たちが提示しているのが、「西洋」文明は急速かつ深刻な自滅スパイラルを急降下中で、存続できないかもしれない、という考えである。この第Ⅲ部ではこうした考えを真剣に検討し、それが適応と未来の概念をすっかり変えつつある様子を詳しく見ていく。

コラム

「文明」について

本書では「文明」ということばを、社会・経済・文化のさまざまな様式や地球との関わりかたに影響を及ぼして体系化している、支配的、集団的な考えかたを簡略化した表現として用いている。文明のひとつのかたちであり、大雑把ながらもうまく言い表している「西洋」文明は、有害なまでに覇権主義的になっている。圧倒的に力がありすぎる。

その西洋文明の特徴のひとつである新自由主義的資本主義は、多くの人々を犠牲にして、ひと握りの人々に恩恵を与えている。経済成長のことばかり考え、古くからのしきたりなどお構いなしで(あるいは経済価値化させて)、取引も文化もグローバル化させ、人も動物も植物も鉱物も、搾取すべき資源扱いすることで、国内にも国家間にも大きな不平等をもたらしている。西洋文明は、汚染し、植民地化し、差別し、破壊もする。しかも、何十億という人々を慢性・急性の心身の病いでぼろぼろにしている。よくよく考えれば「文明的」とはとても言えない。

それでも「西洋」文明は、ひと握り——強大で影響力も十分なひと握り——の人々には快適さをもたらす。だから存続し、拡大する。一部の人々は西洋文明にどっぷり浸って快適に暮らし、それ以外の多くの人々は西洋文明をしぶしぶ受け入れて暮らしている。ほかには「西洋」文明からいまでも完全に離れて暮らしている先住民や農民の社会がわずかばかりあるだけだ。こうした社会はめったになく、貴重とはいえ、そういう社会に戻ることを目指す必要性は必ずしもない。

2℃という分岐点

2019年1月、グレイシャー・トラストは王立救命艇協会(RNLI)に対し、気候変動適応策の有無を書面で問い合わせた。1度の電話と数回のメールでのやりとり、同協会のウェブサイトや報告書をくまなく読み漁った結果、適応策があったとしても、せいぜいたわいのないものだということがはっきりした。気候変動のさまざまな要因に取り組むことを活動分野のひとつに掲げているにもかかわらず、気候変動がRNLIに(そしてその救助対象の人々に)もたらしうる影響は、この協会が意思決定する際の大きな要因ではなさそうだった。

ありがたいことに、いまはもう事情が異なっているが(第9章参照)、問い合わせた当時は、異常気象の発生頻度や強度が高まればRNLIへの活動要請が沿岸部、沖合、内陸部で増える可能性があまり考慮されていないようだった。救命艇基地や沿岸部のほかのインフラの造成・メンテナンスに海面上昇が及ぼす影響も、ほとんど見落とされているように思われた。気候変動適応策がRNLIの取り組むべき課題になぜなっていないのか、わたしたちには疑問でしかたがなかった。RNLIだけが例外的に、国の機関としては珍しく、舵取りをすでに手放していたのか、それとも、ほかの多くのソーシャルアクターと同じで、どう見ても自己満足の存在なのだろうか。どうもそうではないらしい。ほかの多くと同じで、イギリス政府が自分たちにもイギリス国民にも数十年間伝えてきた気候変動のストーリーを、信じているからだ。

気候変動についてのイギリス政府の説明は、おなじみの〈安心のストーリー〉である（詳細は第9章参照）。要するに、ハイレベルの政府主導の対策で地球の平均気温の上昇を産業革命以前より2℃を「優に下回る」よう抑えるだけでなく、わずか1・5℃までに抑えるよう、できるかぎり努める、という。それに続く閣僚や政府高官も、イギリスは世界共通の取り組みにおけるリーダーであり、世界一流の科学者たちの指導のもと、2050年までに排出量「ネットゼロ」を達成する、と発言している。このストーリーによれば、この目標を達成すれば、安定した気候と、いつもどおりの暮らしを維持するのに十分過ぎるほどだから、パニックも終わり、となる。それとは別に、イギリス政府は、当面の気候対策の詳細計画をはっきり説明すべきなのに、それができていないせいで、気候対策は先延ばし可能であり、緩和策や適応策について抜本的なことをいますぐにおこなう必要はない、という見かたもほのめかしている。そういうわけで、当面の適応策がRNLIやほかの団体にないのは、イギリス政府の言う通りにしているだけなのである。

＊

「2050年までにネットゼロ」の目標[92]は、エクスティンクション・レベリオンによる2019年春の抗議デモを受けて設定されたものであり、気候変動委員会（イギリスの独立諮問機関）による予備調査[93]を根拠としている。その公表のようなことが数年おきに起こる。そう仕向けているのはたいてい運動家たちで、気候変動を議題に上らせることで、当局になんらかの回答をさせようと挑発している。それに対する回答は、抗議者をなだめるには程よく、主な有権者、あるいは右寄りの報道機関を心配させるほど大胆なものではない。その結果、気候変動のストーリーのその章はこれで終わり、ということになる。

その時点でほとんどの報道機関が関心を失い、したがって、一般市民、NGO、公務員、事業主、さらには――困ったことに――環境保護論者の多くまでもが、注意を払わなくなる。関心がつかの間、気候変動から離れ、スクロールして表示される次のニュースへ移ってしまう。そう、わたしも同罪だ。

一方、イギリスの政府機関のもっと大人の世界では、まったく違うことをしている。気候変動の実際のストーリーはかなり異なり、たびたび伝えられているような希望や安心感には程遠いことを政府機関は知っている。つまり、気温上昇幅が1・5℃を超えるのはほぼ確実であり、2℃、3℃、4℃を超える可能性も高いことを知っているのだ。なぜ知っているかというと、2015年のパリ協定に関連した二酸化炭素排出量削減の約束をよく調べれば、だれにでもわかることだからだ。イギリスが削減の約束を果たしたとしても、ほかの国々も果たすかどうかはかなり疑わしいし、こうした約束の大半は拘束力がない。しかも、国連自身が次のように認めている。

2015年のパリ協定のもとでおこなわれた約束を各国が果たしたとしても、世界は産業革命前より3・2℃の平均気温上昇への道をたどっている。(94)

国際的地位がどんどん下がりつつあるイギリスのような国が、どんな離れ業を駆使して脱炭素を成し遂げようと、グローバルエコノミーとの関わりが多少でもある友好国からも、そうでない国からも、いまなお排出されている温室効果ガスで帳消しにされてしまう。最新の一連の約束で、COP26の準備期間中に提出される「国が決定する貢献（NDC）」にも、こうした現実を変える力はほとんどない。

イギリス政府の見解をフォローしている気候科学者たちも大半が同意見である。2017年の時点ですでに、気温上昇を2℃より低く保つことについて、科学者たちはアンドリュー・シムズ[95]に対し次のように発言している。「ありそうにない」（アンドリュー・ワトキンソン教授）、「まったくありそうもない」（ジョン・シェパード教授）、「その可能性はほとんどない」（スチュアート・ヘイゼルダイン教授）、「まことしやかな架空の話」（ピアーズ・フォースター教授）、「もうすでに排出しすぎてしまっている」（グレン・ピーターズ教授）、「見込みゼロ」（ビル・マグワイア教授）、「いまの二酸化炭素排出量ではチャンスのかけらもない」（ジョアンナ・ヘイグ教授）。

2017年以降、2020年にジョー・バイデンが米大統領選で勝利するまでは、今後の地球温暖化についてもっとも楽観的な声明は次のような内容だった。

ネットゼロ目標という最近の流れは、パリ協定の1・5℃目標を実現可能なものにしている。国際環境シンクタンクNGOのクライメート・アクション・トラッカー（CAT）の計算では、2020年11月の時点で公表されているネットゼロ目標がすべて達成されれば、2100年時点の地球温暖化を2・1℃に抑えられるだろう。[96]

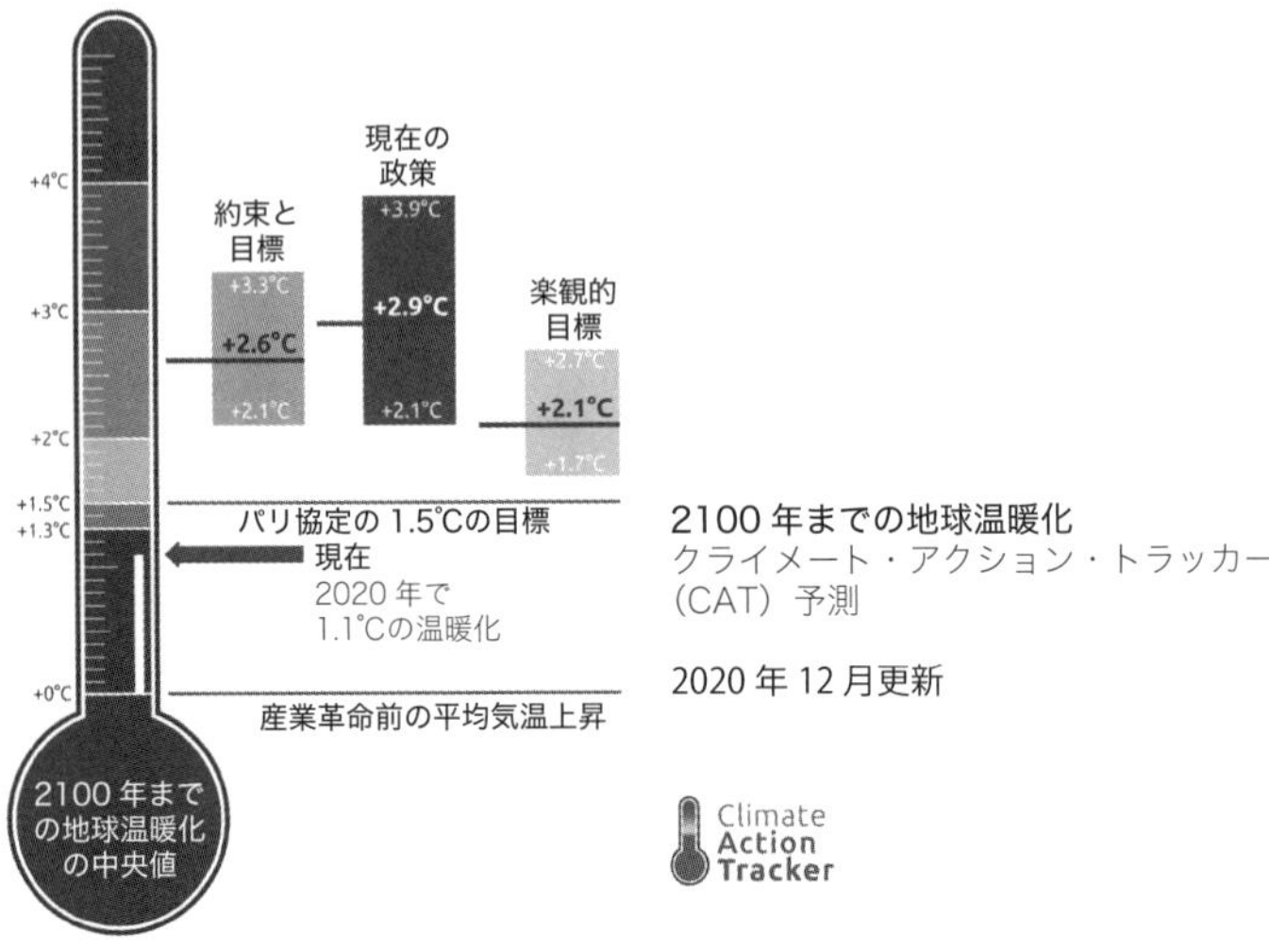

2100 年までの地球の平均気温上昇の予測を表す CAT 温度計（CAT によるインフォグラフィック），2020 年 12 月時点のもの．

残念なことに、この声明で参照されていたCATのインフォグラフィックを見れば、いまの政策のままでは2100年までに3℃を優に超えて上昇する可能性がある、とCATが計算していることもわかる。つまり、温暖化を2℃に抑えるのは、2017年時点と比べればいまのほうがかろうじて可能に思えるかもしれないが、その可能性が高いとは決していえない。実際、2℃に抑えるのはもう不可能に思われる、と発言する用意のある科学者は大勢いる[97]。したがって、どんな可能性も排除すべきではないとはいえ、問題はおそらく、気温上昇幅が2℃に達するかどうかではなく、「いつ」達してしまうのか、そして気温はその後もさらにどんどん上昇し続けるのか、である。

本書のここまでの内容は、気温上昇が2℃に

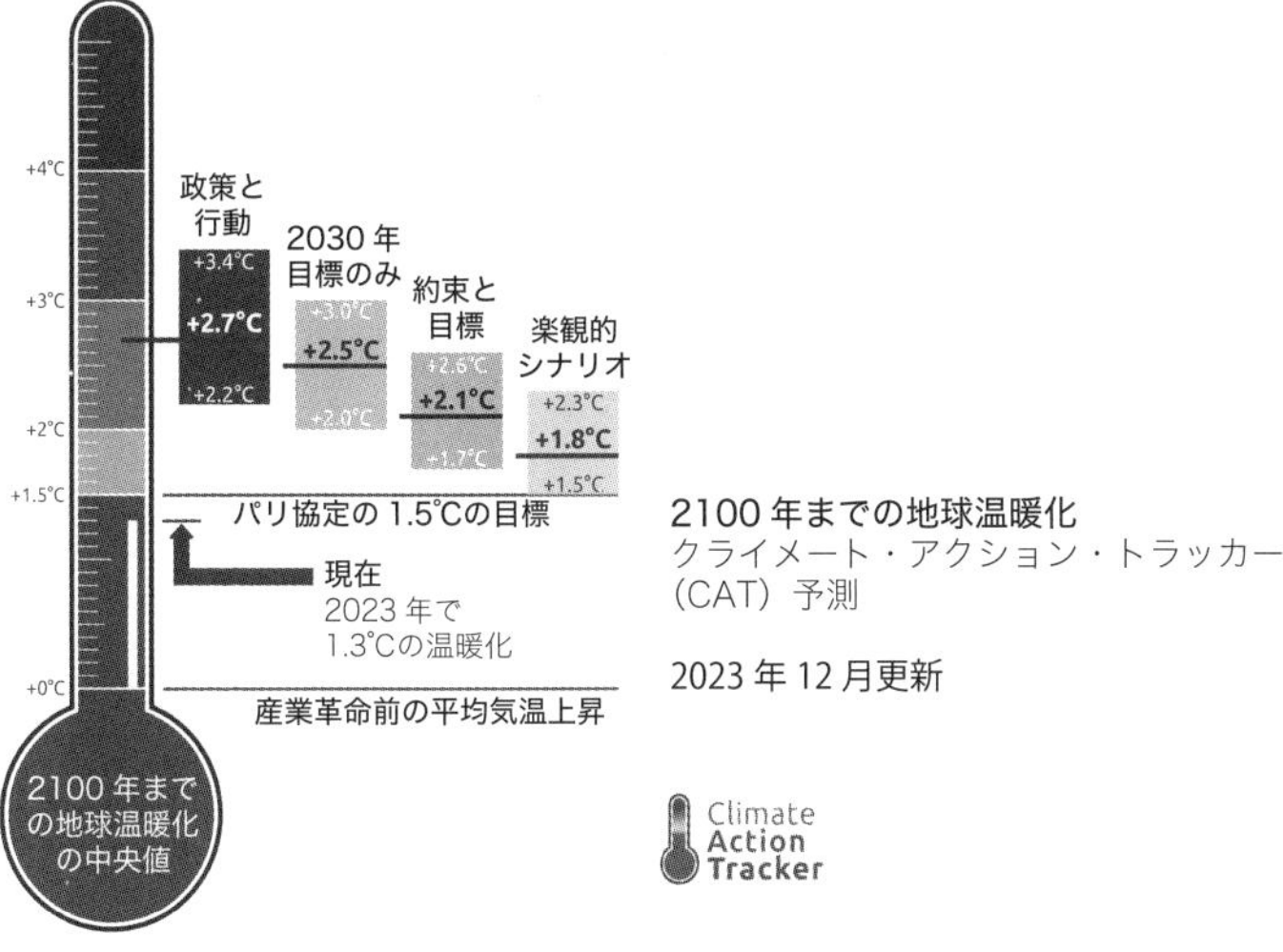

2023年12月時点のCAT温度計.
政策と行動：現在の各国の政策が実行された場合の予測[†]. **2023年目標のみ**：2030年NDC（パリ協定参加国の「国が決定する貢献」）目標*が達成される前提に基づく予測[†]. **約束と目標**：2030年NDC目標*が達成され，かつ，提出された，法的拘束力を持つ長期目標が達成された場合. **楽観的シナリオ**：ネットゼロ，LTS，NDC*を含む，**公表された**すべての目標の完全実施を前提とする最良のシナリオによる予測.（[†]気温は2100年以降も上昇し続ける. *2030年NDC目標が現在の「政策と行動」で目指されている排出量削減目標より弱い場合は，「政策と行動」レベルを採用.）ソース：https://climateactiontracker.org/global/cat-thermometer/

達すると、そこをピークとしてその後は安定し、うまくいけばゆっくりと下がって「自然本来」に近い状態に戻る、という暗黙の仮説を念頭に置いて書いている。これは「最良」のシナリオとして提示されているものであり、あくまでも括弧つきの「最良」である。この「最良」がとんでもない表現であることは強調しておかなければならない。「まず悪化し、その後好転する」というこのシナリオは「まだ一番まし」なものにすぎない。1・2℃の上昇でもすでに住宅が押し流され、作物がやられ、紛争を引き起こし、氷河が減少し、町や村全体が浸水し、氷原が破壊されている——しかもこうした変化が極端かつ急激になっている。それに対する適応が、計画されたもの、間に合わせ的なもの、有害なもの、あらゆるかたちで始まっている。このようにあらゆるやりかたの適応が今後もさらに、地球温暖化が進むにつれて数十年間にわたり続くだろう。

気候変動を緩和する取り組みの結果、気温上昇が2℃というのは、いまの大人たちが誇れるものではない。2℃の上昇は防げたはずだし、防ぐべきだったのに、ということになる。2℃上昇すれば、非常に多くの人々、植物、動物、景観に取り返しのつかない打撃となり、とても受け入れられるものではない。それに——ヒュームの言う「もっと幅広い観点」で考えれば——よりよい世界を保証する「達成」にもならない。気候変動だけが重要課題なのではないのだ。いま起きていることがなんであれ、わたしたちが大切にしているものをすべて守るのは不可能、というのが辛く悲しい真実なのである。損害は質、量ともに増え、耐え難い、不公平なものになる。選択する緩和策と適応策によって、どれだけ消滅し、どれだけ存続するかが左右される。

＊

気候変動の科学と政治をよく調べたうえで、気温上昇が1・5℃から2℃のあいだ、というのが現時点でおそらく「最良」のシナリオだと結論づけても異論はそう多くないだろう。気候運動に携わっている多くの人々がここを目指して懸命になっている。それがもっとも理にかなった目標だと信じている。この両極にいるのが次の人々である。

•1・5℃はまだ可能であるとし、1・5℃目標にこだわり、その達成が道義的にもやる気を起こすうえでも責務である、と主張する人々。
•もう手遅れであるとし、経済、政治、大気中の温室効果ガスの影響を合わせると、将来、壊滅的な気候変動が起こるのは避けられない、と主張する人々。

この2つの立場を「楽観論者」と「悲観論者」、その中間を「確信が持てない派」と呼ぶことにしよう。このいずれの立場にも、もっともな論拠がある。まさに現時点では、このいずれの立場であれ、主流となっている議論の場で発言することができる。だからこそ、環境運動のなかで意見の不一致が見られるのである。わたし自身は「確信が持てない派」の立場をとっているが、「悲観論者」の結論により近い。つまり、1・5℃目標は達成がきわめて困難であり、2℃目標はそれよりはわずかに可能性があるが、やはり多大な努力を要する、と考えている。また、「西洋」文明（定義は137ページ参照）が気温上昇を安全限界内に抑えられるとは信じがたい。消費至上主義で経済成長を容赦なく追求する「西洋」文明は、未来の気候の安定性、健全な生態系、社会的公正と相容れないように思われる。

わたしの感じているところを言えば、壊滅的な気候変動を回避する望みを少しでも持つためには、「西洋」文明は大至急、細心の注意を払って、解体されなければならない。それが可能であると考えているが、実際に解体されるかどうかにはあまり確信が持てない。しかし、解体される運命であれば、それに代わる新たな、よりよいもの、もっと環境に優しく、もっと公平で、もっと気候安全な文明を築くことができるかもしれない。しくみを根本から変えるものでないかぎり、とてもうまくいきそうにない。

変革か、崩壊か、完全崩壊か

「まず悪化し、その後好転する」という「最良」のシナリオの危うさを考えれば、「悲観論者」の奈落の底をのぞいてみるのも重要だ。気候変動が上限2℃をあっという間に超え、2・5℃も、3℃も超えて「まず悪化し、その後――壊滅的に――さらに悪化する」という「最悪」のシナリオになる可能性は実際にありうる。

こうした終末論的立場をとれば、議論は完全に組み変わる。この立場をとっている人々は、自分やほかの人々の存在に関わる問題に直面せざるをえない。そうした結論に達するのは相当うろたえることだし、辛いだろう。しかもなんらかの選択を迫られる。こうした悲観論者は、撤退したり身をひそめたりして、自主隔離シェルターで我が身のことのみ考えることもできる。厳しく非難されている「終末論者（ドゥーマー）」、要するに、あきらめてしまっている人がたどる道である。あるいは、適応策、緩和策、社会的公正で設定された目標と本当に一致する社会や経済のしくみを備えうるような世界へと、世界自体の変革に取り組む道もある。

ここでの関心は、この2つめの道である。その道を歩み始めた人々は、二酸化炭素削減のために、どうあがいてもごくわずかな量しか削減しようがないようなパラダイムのなかで削減実績を目指す、という消耗戦を闘う苦悩から解放されると言う。その道なら前向きで希望が持てるものが見えてくると言い、崩壊が「起こらないうちに」そのような世界をつくり出すべきだと主張している。したがって、こうした人々は、1・5℃か2℃、あるいは4℃さえ下回る状態を保てる可能性については楽観的ではないが、ニヒリストではなく、まだあきらめてはいない——しくみの変革を通じた根本的な緩和策を目指していまも取り組み続けている。

それでもやはり、緩和策の効果について悲観的な立場をとっていることに、ある種の危険が伴う。気候崩壊への備えや適応策ばかりが優先されれば、緩和策が完全に締め出されてしまうかもしれない。壊滅を前提にした議論は、3つめの道をとる欲と資産のある人たちを正当化する恐れもある。それは、大規模な気候工学（ジオエンジニアリング）実験を地球に対して一方的に推し進めることになるような道だ。ジョエル・ウェインライトとジェフ・マンが共著『気候リバイアサン（*Climate Leviathan*）』で警告している、あの「気候巨獣（ビヒモス）」の未来だ。(98)

悲観論者全員を、この1つめか3つめの道をたどろうとしているとして非難するのはおかしい。緩和策への望みを一切あきらめているのは少数派に過ぎず、救命ボートや豪華緊急シェルターを自前で用意しようとしているのは、そのなかの一部の人たちである。(99) さらにごくごく一部の人たちが（ただしその影響力は非常に大きい）、地球全体で気候工学をおこなう構想を本気で練っている。つまり、終末論者も異端児もまだかなり少数派なので、安心していい。もちろん、この状況が数十年後も変わらないというわけではなく、緩和策の断念が広がれば困った状況になるかもしれない。地球が「壊滅的気候崩壊」期にすでに入っている、という考えが定着すればなおさら困ったことになる。そして、救命ボート派は実際に存在する。場合によっては比喩的な意味ですらない。「海上自治都市（シーステディング）」構想があり[100]、海上に浮かぶ国家の建設を真剣に検討している人たちがいるのである！　大規模な気候工学計画を一方的に推し進めているイーロン・マスクもいる。[101] イーロン・マスク、ジェフ・ベゾス、あるいは今後出てくる大富豪の異端児がなにをしうるかは、だれにもわからないし、本人たちにもおそらくまだわかっていないだろう。

＊

将来の真に「大きな」適応策は、世界をより広い観点で考えるものになるだろう。気候変動だけでなく、自然界のほかの分野、テクノロジーの世界、政治の世界に見られるさまざまな変化に適応するものになる。賢明な策であれば、「堅牢」（コンクリートの堤防など）ではなく「柔軟」（自然ベースの解決策の多く）で、それ自体に適応力がある適応策になるはずだ。[102]

事態がかなり悪化すれば、将来の「大」適応策は、適応の新たな2つの概念を支えている思考も採り入れるかもしれない。「ディープ・アダプテーション（深い適応）」と「トランスフォーマティブ・アダプテーション（変革的適応）」である。理論、実践ともに急速に進展しているこの2つの概念が、適応策を論じる際、大胆に視点を変えた見かたが出てきていることを示している。このどちらも、適応への取り組みにおいて「漸進的（インクリメンタル）」では断じてない。「文明」の解釈におけるパラダイムシフトを追求し、それに応えようとする取り組みである。

適応をきちんと理解して提唱しようと思うなら、「深く」掘り下げて「変革的に」考えようとしている人々にとって適応が実際になにを意味しているのかを、正しく理解することも重要である。気候および生態系の危機がどの程度悪化するかについて、こうした人々の考えには同意できないかもしれない。それでもやはり同志になれるし、その考えかたを検討する価値はある。「ディープ・アダプテーション」や「トランスフォーマティブ・アダプテーション」の運動を形作っている考えかたを覗いてみよう。

二人のイギリスの研究者、ルパート・リードとジェム・ベンデルが、適応についての発言で注目されるようになっている。というのもこのふたりが唱道している見かたにはリフレーミング効果があるからだが、それをどう受け止めるかは人によってさまざまだ。リードは最近まで、イギリス国内におけるエクスティンクション・レベリオン運動でよく知られていた。ベンデルは、あの挑発的な「ディープ・アダプテーション」を立ち上げた主唱者だ。このふたりは対立しているわけではなく、多くの点で意見が一致している。[103] しかし、気候および生態系の危機が今後どうなっていくかについての見解は、やや異なっている。どちらの見解も広く一般受けはしていないが、事態が悪化したあとで好転しなければどうなるかを探ってみるうえで、格好のたたき台となりうる。

ベンデル率いる「ディープ・アダプテーション」が猛烈な勢いで気候変動の舞台に登場したのは、2018年夏のことだった。まずセルフパブリッシングのPDFのかたちで現れ、たちまち何十万もの人々にダウンロードされた。その内容に対する反応は賛否両論で、ベンデルはその後、このオリジナル版に修正を加えた第2版を2020年7月に発表している。[104] この第2版には説明や修正がいろいろ加筆されているが、核となる主張は変わっていない。端的にいえば、気候変動による社会崩壊が「近い将来」「避けられない」とベンデルは予測している。その根拠は、自分なりに解釈した科学と、企業の持続可能性コンサルタントとしての自身の経験である。ベンデルは、自身の予測を共有する人々に対し、この予測が「学術調査、組織慣行、人格形成、公共政策」にもたらす影響を検討するよう呼びかけている。ベンデルのこのレポートがきっかけとなり、こうした影響が検討され始め、さらなる議論や審議を促している。こうしたプロセスを支援するものとしてベンデルが提供している「4つのR」の枠組みは、Resilience（レジリエンス、再生弾力性）、Relinquishment（レリンキッシュメント、放棄）、Restoration（レストレーション、修復）、Reconciliation（レコンシリエーション、和解）である。

ディープ・アダプテーションはこれまでの適応のかたちと対立するものではないが、異なる点はいくつかある。どう異なるかは、ベンデルの「レジリエンス」の定義を見るとわかりやすい。ベンデルはレジリエンスという言葉を、持続可能性運動で一般的に用いられているのとは異なる使いかたをするよう気をつけている。ディープ・アダプテーションにとってのレジリエンスは、気候変動によって引き起こされた衝撃から完全に「立ち直る」力を高めてかつての「正常状態」を取り戻すことでは*ない*。ベンデルのレジリエンスの定義は心理学のものに近く、「心理学におけるレジリエンスの概念は、人がかつての状態に戻ることを前提にしていない」点を強調している。心理学でいうレジリエンスは要するに、トラウマとなる経験のあとに、自分が何者で、なにを優先するかを創造的に解釈し直す一能力として現れる。自分を取り巻く世界、それに自分——自分自身——が元どおりになることは決してないことを認識する。その場合も「立ち直る」ことは可能だが、その際の立ち位置はどこか別の場所になる。おそらく、いまの世界もそのようなしかたで新型コロナウイルスのパンデミックから立ち直るだろう。ベンデルは、自身が予測している社会崩壊をなんとか切り抜ける方法を検討する際は、この「それほど革新主義ではない捉えかたでのレジリエンス」を受け入れるよう促している。あとの3つのRもここから来るものであり、次が必要であるとしている。

「保持し続けることで事態が悪化するかもしれない、ある種の資産、習性、信条を手放す」〔レリンキッシュメント（放棄）〕

「炭化水素燃料ベースの文明がむしばんだ生態系〔人間のコミュニティもこれに含まれる〕に対する考えかたや取り組みかたを修復する」〔レストレーション（修復）〕

「互いとも、いま受け入れなければならない困難な状況とも、和解する」〔レコンシリエーション（和解）〕

ディープ・アダプテーションのこの指針は2018年以来勢いを増し、これに関連する圧力団体も、オンライン、オフラインともにいくつか生じている。ベンデルの考えかたはエクスティンクション・レベリオンの指導層の一部にも影響を及ぼしており、気候危機ムーブメント全体の内部ではある程度反発されながらも、(105)まだ当分は、議論に刺激を与えたり、激怒させたりしそうだ。

＊

一方、ルパート・リードは、もう少し楽観的で穏やかだ[106]。リードは、いまの世界で支配的な「西洋」文明はまもなく終わるが、それは社会の崩壊ではなく、社会の変革につながるかもしれない、と主張している。リードの「トランスフォーマティブ・アダプテーション（変革的適応）」のビジョン（リード自身は「TrAd」と呼び、変革的適応のほかのビジョンとは区別している）のほうが望みがあり、衝撃も少ないが、やはり「ディープ・アダプテーション」の考えかたの要素の多くが当てはまる。リードは「4つのR」の必要性に異論を唱えていない。

注目されるのをふだんは恐れないリードも、文明の終焉を予測するのはさすがに気が重い。自分の見解が大騒ぎを引き起こすかもしれないことを心配したリードは、まずは匿名記事「この文明は終わっている[107]（*This civilisation is finished*）」でその見解を披露することにした。この記事は反発されるどころか称賛されたため、書いたのは自分であると、ケンブリッジ大学でのある講演で公表することにした。2018年10月のことだ[108]（その後、同じテーマの本で自身の見解を詳述している[109]）。リードはこの講演で、世界がいま危機的状況にあることをざっと述べたうえで、考えうる3つの未来を説明している。

- 1つめ、人類が「文明を変革」させる可能性。ここでリードが言っているのは、いまわたしたちが暮らしている、ネオリベラルで、資本主義に基づく、超個人主義で、不平等な、支配的「西洋文明」をなんとかして構築し直すこと、それによって、地球上の天然資源を最後の一滴まで搾り尽くしては温室効果ガスやさまざまな有害汚染物質としてすべてまた吐き出すのをやめる、ということである。

・2つめ、「ある種の崩壊」が起きたあとで、次の文明がひとつ、あるいはいくつか現れる可能性。
・3つめ、地球温暖化が制御不能となり、「完全崩壊」へあっという間に突入する。

リードはその後、この3つのシナリオを、「蝶」「不死鳥」「ドードー」〔絶滅した、飛べない大型の鳥〕と名づけている。環境運動の急進派たちが数十年間にわたり訴えているのは、この1つめの未来の可能性であり、その主張はいまも同じで、文明の変革、再構築、再設計をおこなおうとしている。これがうまくいくことに望みを託してきた人は多く、リードもそうした人々に共感しているからこそ、次のように述べている。

わたしは〔文明の変革が〕実現するのを期待しています――おそらくみなさんの多くもそうだと思いますが――その実現に向けて積極的に働きかけています。

こう発言するリードは真剣そのものであり、自ら率いる新たな「TrAd」運動団体のロゴの中心にも蝶が描かれている。「TrAd」は、リードによると「ウィン、ウィン、ウィンの関係です。気候変動の危険な影響を緩和し、大自然に逆らうのではなく、ともに働き、変革に必要な方向へ社会をとにかく変革させます」[110]。蝶のたとえはわかりやすい。いまの文明が醜い毛虫であっても――きちんと育むことで――美しい蝶に様変わりする。リードの言う変革には、エネルギーや輸送システムの「グリーン化」にとどまらず、実に多くのことが含まれている。人間同士の関わりかた、そして自然界との関わりかたにおける抜本的変化を伴う。しかしこれはあくまでも希望であり、目標であって、見込みがあるとはかぎらないことを、リードはいまでもはっきり述べている。

リードがそれに続けて述べたことは、気候および生態系危機はそのうちになんとかなる、つまり「解決」するだろう、でなければ文明の変革が起きるだろう、と思い込もうとする態度に対する、反論になっている。希望は不可欠だが、うまくいかなかった場合をよく考える必要性はますます高まっているのだ。以下リード。

今日、みなさんに特にお伝えしたいのは、（文明の変革が）必ず起こると考えて本気で取り組もうというような人、自分たちが変革を起こせる、それも、手遅れにならないうちに起こせると確信できるような人は、よほど大胆不敵な人だろうということです。こんな、まったく前例のない類の変革にすべてを賭けるのは、非常に危うい賭けになるでしょう。おまけに、行く手に立ちはだかる既得権者、無知、愚行、怠惰といった、おびただしい障害をすべて乗り越えていかなければならない賭けなのです。そのような賭けは、逆に「うまくいかなかったらどうなるのか」という問いを真剣に検討するための注目や資金を締め出してしまうでしょう。それなら、いったいどうすれば、後世のために事態の悪化を軽減できるのでしょうか。

「うまくいかなかったらどうなるのか」は、簡にして要を得た問いだ。「西洋文明は崩壊するのだろうか」というさらに大きな問いをじっくり考えさせられる。この問いは多くの人々にとって、「太陽は明日も昇るのだろうか」と同じくらいばかばかしく感じられる。それほど「西洋」文明は多くの人々の意識において揺るぎない概念なのだ。その存在を信じて疑わない、そう信じたい、という一種のパラダイムである。リードやベンデルたちが主張しているのは、西洋文明はひょっとすると、思っているほど揺るぎない枠組みではないかもしれない、ということである。その揺るぎなさを疑ってみて初めて、「うまくいかなかったらどうなるのか」という問いをじっくり検討し始められる。

では、この西洋「文明」は終わりに向かっているのだろうか。そうかもしれない。その可能性を示すいくつかの前兆と、この問題が政治的、心情的にどのように扱われているかを次の節で探っていく。そうすれば、リードの次の問いを熟考することが可能になる。（うまくいかなかったら）どうすれば、後世のために事態の悪化を軽減できるのか。言い換えると、次に現れる文明はどんなかたちになるのか。これは第8章で扱うが、その前にまず、モグラ叩きに行ってみよう。

モグラ叩き

「西洋」のネオリベラル文明は――その勝ち組にとっては――比較的安定した世界だ。しかし、勝ち組の数はかなり少ない。豊かに暮らしているのはおそらく10億人程度か、もっと少ないかもしれない。

あとの60億人の暮らしはそれほど豊かではなく、さまざまな不安を抱えている（圧倒的大多数の動植物の種は言うまでもない）。この割合は徐々に減っているとはいえ、世界人口の10パーセントが1日1ドル90セント未満の極貧生活、約46パーセントにあたる34億人が1日5ドル50セント以下、そしてなんと、85パーセントは1日30ドル未満で生活している[111]（いずれも米ドル換算）。にもかかわらず、「西洋」文明のパラダイムがどうにか広く行き渡っているわけは、西洋文明が約束している（ただし滅多に守らない）ものが非常に魅力的だからである。西洋文明にどっぷり浸って暮らしていようが、しぶしぶ受け入れて暮らしていようが、「西洋」文明の快適な暮らしこそ、憧れの対象であり、これこそが「理想の夢」（いわゆる「アメリカン」ドリーム）なのだ。

この理想の夢のとりこになっている人ばかりではないが、非常に多くの人々は、自分が思い描いている「西洋」文明が崩壊する可能性に、意識するしないにかかわらず気づかないふりをしている。たとえば、西洋文明において進歩のほとんどが緩やかになっていることをなかなか認めようとしない[112]、経済成長にとらわれた挙句の醜い結果を見て見ぬふりをする、いわゆる「トリクルダウン（富の浸透）」が理論どおりにいかない理由をうまく説明できずにいる。

＊

崩壊の兆しを認めるのは容易なことではない。作家のアミタヴ・ゴーシュは、気候変動は「死と同じで、だれもその話をしたがらない」とこぼしている[113]。気候科学者ジョエル・ゲルギスは、「人間の感情の暗い部分につながるような難しい話を、わたしたちが怖がって避けている」ことに触れ、「人間は、全き現実には耐えられない」というT・S・エリオットの言葉を引用している。(114)「西洋」文明の根拠、前提、欠陥に疑問を抱くさまざまな機会が日常的に見過ごされている。新型コロナウイルスの壊滅的なパンデミックのさなかでさえ、そう感じられる。崩壊の兆しを無視したり否定したりしようとするこの衝動も、ストレスに対処する方法のひとつだ。そうした兆しを追い払ってしまいたい、隠してしまいたい、存在しないふりをしたい衝動は強く、心理的適応のひとつである。しかし、そうした兆しは突如としてふたたび現れ続けるため、無視したり隠し続けたりするのがどんどん困難になる。現状擁護派――崩壊の兆しを隠しておきたい人々――は、地球規模でモグラ叩きをするしかない。さまざまな問題が顔をのぞかせるたびに、そうした問題を「やっつける」か、そうした問題から人々の注意をそらすかのいずれかしかない。モグラをすべて叩けるあいだは、「西洋」文明は存続し、拡大するだろう。

ところが今日では、こうしたモグラが顔をのぞかせる頻度がどんどん高まっている。敵意をいっそうむき出しにし、おぞましい容貌で、怒りをどんどん募らせている。こうしたモグラをすべて叩くのは非常に困難になりつつある。かつてない数のモグラの出現は、「西洋」文明が終わりに近づいている兆しかもしれない。そこへ新型コロナウイルスがかなりの打撃となり、気候変動で温暖化が3℃になれば、とどめとなるかもしれない。

要約すると、ルパート・リードは「2つめの可能性は（西洋文明の）ある種の崩壊後に現れる次の文明である」と言っている。そして「そうなる可能性が高い、と考え始める必要がある」と結論づけている。「次に現れる文明について真剣に考える」よう、わたしたちに求めている。しかし、その前にまず、

「西洋」文明の本質と、「ある種の崩壊」が意味しているものを探る必要がある。そうすることで、この両者が「次の文明」の誕生にどう関連するかを探ることができる。

*

新型コロナウイルスのパンデミックの圧倒感にくらべると、気候変動の脅威が大きいとはいえ、まだ——いますぐには——グローバルな気候が短期間で急激に、壊滅的に崩壊してしまう可能性は低そうに思われる。決して避けられないわけではないが、起こる可能性がより高そうなのは、地域や国レベルのさまざまな災難であり、そうした災難が組み合わさって大陸規模の災害につながることだ。こうした個々の災難が怒りを募らせているモグラであり、次から次へと顔をのぞかせては、「西洋」文明が絶滅の危機にある、と警告しようとしている。そうした災難とは、具体的にどういうものなのか。映画製作者アダム・カーティスは、２０１６年に発表した壮大なドキュメンタリー映画『ハイパーノーマライゼーション（*Hypernormalisation*）』の冒頭でこう述べている。

> わたしたちは奇妙な時代に生きている。異常事態が次から次へと起こり、世界の安定を揺るがせている。自爆テロ、押し寄せる難民、ドナルド・トランプ、ウラジーミル・プーチン、ブレグジットでさえそうである。[115]

ここに新型コロナウイルスはもちろん、その前のパンデミックであるエボラ熱やＳＡＲＳも加えられる。さらに、サイクロン・イダイ、あるいはカリフォルニア州、ポルトガル、オーストラリアで猛威をふるった森林火災など、気候変動による壊滅的な打撃も加えられるだろう。災害はこれまでにも常にあったが、その頻度も規模もこれまで以上に増している。カーティスが続けて言っているように「支配層はこうした異常事態にうまく対処できないらしい」。わたしたちは、また別の災害が発生するたびに、なぜ起きたのかと自問する。しかし、ありとあらゆる種類の災害がますます頻繁に発生しているために、もっと根本的な問いを投げかけざるをえなくなってきている。次々と繰り返し起きるのはいったいなぜなのか。より深遠なこの問いが、非常に気まずいものになるかもしれない。

　この問いで、ふだんは疑問の余地がない価値観や政治のしくみに鋭い質問を投げかけざるをえなくなるからだ。この問いが含む違いとは、たとえば、（a）チェルノブイリ原発事故は人為的ミスにほかならず、原子炉内の設計ミスが原因、と結論づけるか、（b）人為的ミス、設計ミスであり、それに加えてソビエト連邦というしくみの失敗、と結論づけるかの違いである。結論（b）のほうが計り知れないほど深遠で、ソビエト連邦擁護派の支持を得るのは難しい結論だった。このような容赦ない真実を明らかにする深遠な問いを投げかけることが、人々を困惑させるもう一つの理由は、（カーティスによれば）「異なる未来、より良い未来のビジョンを、だれもまったく描いていない」からでもある。

　もちろん、異常事態が明らかになるのを見て「大変だ」と思うだけで次へ進み、そのことで心配しすぎないようにしている人は大勢いる。[116] また、エリザベス・ソーウィンが述べているように、[117] 自分たちは「可能なかぎり最善の暮らしかたをしている」と信じて疑わず、災害の発生頻度が増えている現実（わたしたちの暮らしかたが最善ではないかもしれない兆し）をありのままに理解するのが心理的に無理な人たちもいる。こうしたテーマをカーティスが『ハイパーノーマライゼーション』の冒頭部で取り上げているので、それを3つに分けて引用しよう。

これからお見せするのは、わたしたちがこの奇妙な時代にたどり着いた経緯である。この40年間、政治家、資本家、テクノユートピア主義者が、世界の複雑さに対処するどころか、それから逃げていた様子を描いていく。こうした人々が世界を単純化したのは、権力にしがみつくためである。そして、この偽りの世界が大きくなるにつれて、この偽りの世界をだれもが支持するようになったのは、その単純さに安心させられるからである。

カーティスの見解は、アレクセイ・ユルチャクの著作(118)に触発されている。現実があまりも複雑だったり不安だったりしてじっくり考えられないため、西洋人は、それで済んでいるあいだは、なにも問題がないふりをすることにした、というものだ。ユルチャクは、崩壊に近づきつつあったソ連で起きたのはそういうことだと論じていた。カーティスは、それがいま「西洋」文明で起きている、と主張する。

急進派、アーティスト、ミュージシャン、カウンターカルチャーに携わっているすべての人など、体制を厳しく批判しているつもりの人々でさえ、実際にはこのごまかしに加担する結果になった。こうした人々もまた、現実逃避の空想の世界へ逃げ込んでしまっていたからである。だから、抗議してもなんの効果もなく、なにも変わらないのだ。

こうした人々の抗議は、環境運動主流派の活動と同じで、表面的な変化しか論じていなかった。もっと深い変革を目指したところで、思い描くのも、達成するのもより困難だったり、勢いがつく前に潰されたりするのが常だった。

ところが、こうして空想の世界に逃げ込んでいるあいだに、未知の破壊的な力がその外側で大きくなってしまった。そうした力がいま戻ってきて、わたしたちの偽りの世界の脆い表面に穴を開けようとしている。

この「力」こそ、次々と発生するさまざまな災害を煽っているものであり、「脆い表面に穴を開ける」怒れるモグラを生み出しているものだ。

「西洋人」が「現実逃避の空想世界」で過ごしているあいだに、地球温暖化、人種差別、過激主義、独裁主義、新たな感染症、不平等など、さまざまな問題が暗がりのなかで大きくなってきている。多くの人はその暗がりに目を向けずにおきたがる。そうした問題を日々の暮らしの隅に嬉々として置き去りにしている――崩壊の兆しを認めるのは容易ではない。したがって、西洋社会で暮らしているわたしたちの多くは、災害をただ目の当たりにしているだけの罪のない傍観者ではない、と認めなければならない。わたしたちはいろいろな意味で共犯者なのである。温室効果ガスの場合は特に（とはいえ、ほかの怒れるモグラの大半もそうだが）、この「偽りの世界」を創り上げて暮らすためにおこなってきたことが、こうした破壊的な力をもろに煽ってきたのであり、それがいま、耐えがたい――人為的な――災害となって現れているのだ。

　これまでは、西洋の各国政府が怒れるモグラのほとんどをなんとか抑え込んできた。叩いたり（軍事介入、緊急支援）、見えなくしたり（プロパガンダや「偽りの世界」の創造）、自分たちの責任ではないと言ったり（気候変動に懐疑的な態度や一貫して苛立ちを表明）する戦略がうまくいき、偽りの世界を維持していきた。

「まず悪化し、その後さらに悪化する」シナリオが将来、現実になるのであれば、世界は壊滅的な地球温暖化の瀬戸際にある。すなわち、適応したり覆したりするのは非常に難しくなる。もしそうであれば、流れが変わる。その時点で、気候変動そのものが変化している――ティッピング・ポイントは過ぎ、地球のシステムに次々と変化が生じている――から、それ自体が止めようもなく勢いづいてしまうだろう。こうして激化した気候変動が、ほかのさまざまな力（こちらも激化している）と結びついて増幅するだろう。それとともに、怒れるモグラの数も増え続け、頻度も激しさもさらに増した「局地的」災難を世界中で引き起こす恐れがある。地球規模のモグラ叩きに負けてゲーム終了となり、「西洋」文明は「チェルノブイリ事故」同様の事態を経験するだろう。

それが不可避であると見ている人々もいる。こうした破壊的な力を煽り続け、そうした力がどんどん混ざり合うことで有害かつ一触即発の状態になれば、ほかにどんな結果になりうるのか。最悪のシナリオでは、こうした災害の規模も頻度も激化し、それが合体して、完全に大混乱を引き起こすスーパーストームになるかもしれないのである。

8　異なる未来、よりよい未来

どんな希望が残されているのか。崩壊あるいは解体された「西洋」文明から、なんらかの「異なる未来、よりよい未来のビジョン」が現れうるのか。そうした瓦礫のなかから見事な「不死鳥」が飛び立つのだろうか。あるいは、「西洋」文明が完全崩壊する前に西洋文明から離れるよう、「異なる未来、よりよい未来のビジョン」がなんらかの変革を促せるのだろうか。消費資本主義という毛虫から生まれ変わるのを待っている美しい「蝶」がいるのだろうか。

「西洋」文明ほどの巨大なものが慎重に解体された例はこれまでにない。したがって、鼓舞させられるような「蝶」の例をたくさん見つけるのは困難だ。一方、災害や崩壊はこれまでにいろいろあり、そこから「不死鳥」の例も複数生まれている。「不死鳥」もすばらしいものばかりではない（ナオミ・クラインが『ショック・ドクトリン（*The Shock Doctrine*）』でこのあたりを明確にしている）[119]が、どのような未来が可能かの手がかりなら、現代のさまざまな災害や瓦礫のなかから生まれつつある社会や民主主義のかたちを調べることで、見つけられる。

当然ながら、可能な未来を予想している人々にとって主な検討事項のひとつは、「西洋」文明にとって代わる〔異なる〕文明を探すのか、それとも後を継ぐ文明を探すのかという問題だ。文明をこのように単純に考えることが、この問題の一因かもしれない。こうした考えかたが結局は、自分たち以外を文明化し植民地化しようとする動きにつながりかねないからである。もっと多角的に考えて、ほかの文明や次の文明がいくつか発達しうる、つまり、人間が互いとも、ほかの種とも、人工的環境や自然環境とも、そして気候とも、相互に作用し合える（そうしうる）方法がいくつもある、と予想する余地があったほうがいいのではないか。多元的共存を考え、覇権的な力に抵抗することが、規模も多様性もさまざまな多くの文明が出現（あるいは再出現）する可能性につながるのである。

「ロジャヴァに再び緑を」運動

シリア内戦はどう見ても悲惨な状況だ。何百万もの人々の暮らしが一挙に崩壊し、まったくの大惨事になっている。一災難のレベルではなく、一種の崩壊であり、こうなったきっかけも悪化したのも、怒れるモグラ3匹、とは言わないまでも、少なくとも2匹のせいだった。もともとは、バシャール・アル＝アサド大統領の長年にわたる独裁的支配に対する反乱だった。民主主義を支持する抗議者たちが、しばらくのあいだ、アサド政権の脆い表面に穴を開けていたのである。

もう1匹の怒れるモグラである気候変動も一因と考えられている。極度の干ばつが食糧不足と国内移住を引き起こし、それがさらなる抗議、そして戦闘が勃発する状況を生み出した。死にもの狂いのときには、死にもの狂いの手段が求められるものだ[120]。こうしてひとたび内戦が始まると、イスラム過激派組織ＩＳＩＳ――３匹めの怒れるモグラ――がこの機会に乗じた。ＩＳＩＳがシリア全土に広がり、暴力によって拒絶しようとしている相手は（いろいろあるが、特に）世界的覇権である「西洋」文明の勢力であり、アサド政権と戦うため、アメリカその他西側諸国の軍隊というかたちでシリアに入り込んでいた勢力である。

シリア内戦の終結が（願わくば）近づくにつれて、アサド政権崩壊後がどうなるかを検討することが重要になる。この内戦の関係者（アサド、ロシア、アメリカ、イギリス、ＩＳＩＳと戦ったシリアの複数の反乱軍、そのいずれも支持していないシリア国民）全員が、内戦後のシリアをかたちづくろう（あるいはつくり変えよう）と張り合っている。アメリカが「世界の覇権的文明」を根づかせようとしているのは間違いないし、プーチンはそれとはやや異なることを、アサドもまた別のことを望んでいるはずだし、エルドアンにもそれなりの考えがあるだろうし、ＩＳＩＳも自分たちの意見を引き続き主張するかもしれない。

では、シリア国民自身はどうなのか。シリア北部のクルド人自治区（見かたを変えれば、クルディスタンのシリア人地区）のロジャヴァでは、ある運動が高まりつつある。「ロジャヴァに再び緑を[121]」がそうで、草の根民主主義、女性のさまざまな権利をベースとした環境に優しい社会を築く試みであり、アブドラ・オカランやマレイ・ブクチンの教えと関連している。ルパート・リードのいう「不死鳥」にあたりそうなケースだ。

この「ロジャヴァに再び緑を」運動が始まったのは、シリアの崩壊（内戦）の最中だった。ロジャヴァで機能していた行政府が一切撤退したために、政治的空白が生じていた。その空白をＩＳＩＳに埋められないよう、地元の民兵軍が米軍および多国籍軍の航空支援を得て戦った。地元の民兵軍がこの地域を保持し、その政治的空白を埋めるようになったのは、草の根活動をしていたアナキストの組織だった。政治的にはアナキズムであり、よく考えられたガバナンスの一形態である。ロジャヴァでアナキズムから生まれたのが、いまの「北部及び東部シリア自治行政区」だ。カーン・ロスの長編ドキュメンタリー『偶然のアナキスト（*Accidental Anarchist*）』[122]に、その由来や歴史が描かれている。

「ロジャヴァに再び緑を」運動には、環境、多文化、民主主義、男女平等の確固たる方針がある。この運動は「民主的連邦主義」〔democratic confederalism「民主的な連邦」とも〕の政治体制をベースにし、権限は地元レベルにできるだけ委ねられ、意思決定はさまざまな市民集会を通じて審議され、財源は全員参加の予算審議を経て割り当てられる。緑化、再生可能エネルギー計画、生涯学習、農業生物多様性、共済など、いずれもこの運動のなかで活発に取り組まれている。西洋文明の有害と思われる部分は受け入れていないが（良い部分はある程度採り入れている）、ＩＳＩＳの世界観も受け入れていないし、アサド、エルドアン、プーチンなどとも一定の距離を置こうとしている。完璧ではないが、実に独特であり、自分がその（あるいはそれに似たものの）一員となっているところを想像しても、不快ではないシステムである。「次の文明」あるいは、次の社会となるさまざまな可能性のひとつが現れつつあるのかもしれない。

ところで、「ロジャヴァに再び緑を」運動がうまくいく保証はまったくないし、過度に美化するのはたやすい。ロジャヴァで暮らしている人々には、強力な外交支援、財政支援、それにおそらく、ある種の幸運が必要となるだろう――この社会変革が成功する見込みは高くないからだ。(123) それでも、これはひとつのビジョンを提供してくれる事例であり、「西洋」文明が「発展」の最終目標となる必要はないことを理解する

ロジャヴァのための反植民地主義デモ行進（2019 年，ベルリン）

手助けになる。「ロジャヴァに再び緑を」運動や同様の「不死鳥」が非常に重要なのは、そのおかげで「異なる未来」を思い描きやすくなるからだ。ロジャヴァの人々は、「西洋」文明の根底にある価値構造を疑問視することをいとわない。西洋文明の良いところは採り入れ、悪いところは拒絶しながら、自分たちが納得できる価値構造に基づいた独自モデルを作り上げていく。そうすることで、破壊的勢力を恐れずにそれに対抗する力を養い、将来必ず襲ってくる災難に対する「ディープ・アダプテーション（深い適応）」型のレジリエンスを培っているのである。

＊

とはいえ、次の文明となりうる希望や勇気づけられる例がひとつある陰には、災難後の対応として、なにもかも元どおりに再建しようとする例や、以前よりひどいものを新たに強制しようとする例がいくらでもある。社会のしくみがなんらかの衝撃を受ければ、なるべく早く正常な状態に戻るよう人々が願うのはごく普通のことであり、ほぼ本能的な反応だ。「西洋」文明では、こうした衝撃の後に賢明に対応する力が年々衰えてきているように思われる。社会的、経済的、環境的、政治的にまったく同じしくみを再建し続ければ、内部崩壊をまた何度でも繰り返す恐れがある。「西洋」文明がまだ浸透していないところでは、今後なんらかの災難を経験したあとの課題は、惨事便乗型資本主義者に抵抗することかもしれない。惨事便乗型資本主義者はシリアのような国で目を皿のようにして、ロジャヴァのような地域に「西洋」文明を押しつけるチャンスをうかがっているからである。

ケイト・マーベルが「気候変動に直面しているときは、希望ではなく、勇気」が必要、と書いたのも、このことだったのかもしれない。[124]「北部及び東部シリア自治行政区」はすばらしい勇気の賜物である。この創設者たちは信じられないほど困難な戦闘を経験してきて、こんどはイデオロギーの戦いによって、シリア国内で正式な承認を勝ち取ることで「ロジャヴァに再び緑を」もたらそうとしている。これは実存の追求であり、マーベルのあの有名な言葉を思わせるものがある。「勇気とは、幸せな結末が保証されていなくても、うまくやろうとする意志のかたさである」

「ロジャヴァに再び緑を」運動は、エコロジカル・インテリジェンスを活用して気候変動に立ち向かっている。ＩＳＩＳに協力した人たちを拘束するのではなく、再び仲間入りさせることで、宗教の過激主義の問題に取り組んでいる。覇権的な西洋文明には疑問を投げかけている。そして、帝国による「文明化」政策という考えそのものを暴露している。こうしたことを同時並行でおこなっているのである。ロジャヴァはほかのだれかから「文明化」される存在ではなく、地元の人々によって、地元の人々のために築かれつつある。アドバイスや支援は受けているが、指図は受けていない。ロジャヴァがうまくいけば、「次の文明」の実例になるかもしれない。

崩壊は次の文明が現れるのに必要な前触れなのか

ロジャヴァについて学びながら考えさせられたことがある。災害か崩壊でも起こらないかぎり、次の文明が現れることはできないのだろうか。そんなはずはないし、そうでないほうがいい（わたしは崩壊フェチではない）が、ひょっとしたらそうかもしれない。ならば、この問いに向き合う必要がある。もちろん、本当に、なんとしてでも避けたいとはいえ、災害や崩壊はどうしたって起きる。そこで、起きた場合のシナリオをまず検討しよう。災害や崩壊が起きると、少なくとも2つのことが生じる。

第1に、深刻な災害で社会の基本構造がすっかりなくなってしまう。完全な空白状態になる。つまり、新しいなにかのためのスペースが生まれる。こうなる可能性が高いのは、戦争、暴風、森林火災などの場合だが、たいていは戦争である。ロジャヴァがそうだったように、政治的空白が生じるからだ。

第2に、災害に巻き込まれた人々は、画面越しなどではなく、まさに身をもって現実に直面する。命が助かった人々は存亡の危機を目の当たりにしてきている。そうした根底から揺さぶられるような体験は大きく影響するだろうか。そのことで人々は、「二度と繰り返さない」といったスローガンに全力で取り組もうという気になるだろうか。さまざまな苦難を多くの人たちと共にしてきたことで、クリティカル・マスや連帯感を形成し、新たななにかを始めるだろうか。災害をきっかけに、まったく新たな未来につながるだろうか。

崩壊によって、次の文明が発達する環境がもたらされることはあ**り**う**る**。炎のなかから不死鳥が生まれるようなものだ。だからといって、なにもせずにただそれをぼんやり待っているのは、きわめて新マルサス主義的ではないだろうか。ロジャヴァ——あるいは、戦争や災害の大混乱のなかから現れてきたほかのユートピア的な次の文明——を理想化するあまり、そうしたユートピアの出現を期待してあえて手をこまぬき、防げる災害まで起きるがままにしておくのは、あきらかに道徳的に許されないことであり、そんな必要もない。災害も崩壊も、抜本的変革に必要な前触れなどでは断じてない。人間は数え切れないほどのやりかたで団結する方法を数百年にわたって再構築してきた。難しい要素は常にあったとはいえ、古いものから新しいものへの交替は、これまでも、そしてこれからも、冷静かつ熟慮されたやりかたでおこなわれていく。

第2のシナリオ——ある社会が社会的・経済的にまったく新たなしくみに平和的に変革すること——もありうる。醜い毛虫が美しい蝶に生まれ変わるかもしれない。この新たなしくみに、災害で弱体化した社会基盤は必要ない。爆撃跡地より更地のほうが新しい社会を築くには条件がいいのが常だから、リードの言う「変革的適応」のビジョンがきっと可能なはずである。

ロジャヴァでは、「北部及び東部シリア自治行政区」のリーダーたちが自分たちの取り組みの正しさを訴えている。シリアを連邦化し、そこで正式に認めてもらえるよう、シリア政府を説得するために国際的な外交支援を必要としており、そのために、自分たちの取り組みが平和をもたらしていることを証明しようとしている。また、ロジャヴァが中東における安定という希望の光となりうることも主張している。もちろん、時がたってみないとわからないが、[*]もしロジャヴァがうまくいっているのであれば、そのさまざまな成功要因——市民集会など——をどこかほかでもまねられるのではないか。その場合、

＊訳注　２０１４年のＡＡＮＥＳ設立から10年、ロジャヴァ革命後から12年、ロジャヴァの人々は２０２４年２月現在も、断続的ながら頻繁に、ＩＳＩＳとトルコ政府の双方からの激しい攻撃にさらされている。しかし、その抵抗の強さは変わらずで、民主的連邦主義も続行している。２０２３年12月には、「民主」をつけた名称「北部及び東部シリア民主自治行政区」に変更することが決定した。「ロジャヴァに再び緑を」の取り組みは続いている。https://makerojavagreenagain.org/days-of-work-thoughts-of-resistance/

2通りのことが考えられる。まず、中東の近隣国が自国の不安定な状況をなんとか鎮静化しようとして、このロジャヴァのしくみを採り入れるようになるかもしれない。恒久的平和を実現しているロジャヴァを見て、その例にならおうと決心するかもしれない。自国の不安定な現状がさらに危険で暴力的なものに転じてしまう前に、安定させるためである。もうひとつは、称賛の気持ちから採り入れるかもしれない。ロジャヴァのしくみをよく観察して気に入るかもしれない。そうなれば、そのしくみを研究し、試してみて、自分たちの地域や習慣に当てはめて、うまくいくように努めるだろう。

＊

この先起こりうる気候変動のどのシナリオにおいても、なんらかの災難が引き金になろうとなるまいと、次の文明がいくつか現れる可能性は高い。もちろん、災難が襲ってくる前に、ほかの人たちがそこから学び、平和的なやりかたで実行できるすばらしい例を、先駆者たちが示すことが期待される。とはいえ、幻想はいっさい抱かないほうがいい。ロジャヴァで起きているような政治の例が非常に少ないのには、いくつかの理由がある。その主なひとつをカーン・ロスがこう説明している。

権力者は、その権力維持に強い関心があり、経済や政治の異なるやりかたを抑え込むべく、あの手この手を使ってきた。権力は一種のゼロサムゲームである。全員の権力を強化することはできない。底辺にいる人々の権力を強めようとすれば、頂点にいる人々が権力を失わなければならないが、人は権力を手放したがらない。(125)

しかし、権力を手に入れようとするのは、その権力を手放せるようにするため、と考えるリーダーが現れる可能性がある。このタイプのリーダーなら、第7章で見た「気候変動についての住民調査」のような熟議民主主義を支持するだろう。それどころかもっと意欲的に、ウォリックのような全住民参加の集会を開き、気候だけでなく、地元、地域、国レベルのさまざまな問題を審議できるようにするだろう。住民には、選出議員の決定に影響を及ぼす声明書や勧告を作成する権限だけでなく、ロジャヴァのように、住民審議会を信頼して実際に意思決定する権限を与えるだろう。

ロジャヴァのモデルはまだ初期形成の段階にあり、住民審議会ももっとよい形へ進展する必要がある。それでもこの「ロジャヴァに再び緑を」運動はいつか、初期の困難をくぐり抜けつつある政治混合バージョンの嚆矢の一例として振り返られるかもしれない。このモデルには、集団主義と個人主義が――予想に反して――共存できることを示す潜在力がある。ロジャヴァで実践されている民主的連邦主義は、住民にそれぞれの個性を表現させている。集団行動をそうした表現の一部にさせているのである。これが機能しているのは、住民に政治の意思決定に関与する権限が与えられているからで、住民は自分の考え、経験、気持ちを、政治の議論の場で有意義なやりかたで提供している。こうした機会があるおかげで、住民は決定事項をより快く受け入れているし、うまく機能させることにより協力的になる。これは、人間の本質である「友好者生存」の考えかたとも一致するガバナンスのひとつのかたちだ。人間を、創造的で、思いやりがあり、協力的な住民と見ているからこそ、権限を持たせようとする。利己的、衝動的、破壊的な消費者だからコントロールする必要がある、とは考えていない。個性を恐れず、受け入れて活用する。個人が提供するアイデアやものの見かたを尊重する。このようなプロセスを経て生まれる政策は、当然ながらよく周知され、より有効性がある。

ロジャヴァの外では、左派、右派とも、変革を促すのに苦労しているかもしれない。あまりにも多くの思想(ソート)リーダーが「適者生存」の考えかたから抜け出せていないからだ。こうしたリーダーは人間の本質を信用していないため、その不信感が社会にも広がり、大規模な市民活動も、人類をこれほど成功させてきた協力も、期待できなくなっている。(126)(127) ロジャヴァで発展していることは、これとは根本的に異なっている。いまの政治のリーダーたちが示している新鮮味のない陳腐な未来ビジョンに対する、重要な解毒剤といえる。

「ロジャヴァに再び緑を」運動から世界が学べるとすれば、「異なる未来、よりよい未来」のビジョン策定には、人間の価値についての根深い思い込みをまず見直す必要がある、ということかもしれない。そうすれば、個人主義の高まりに対して抱いているどんな懸念も和らぐかもしれない。

環境保護主義者の多くは、個人主義を、気候および生態系の危機によってわたしたちが求められている類の集団行動を阻むもの、と捉えている。一方、個人主義者は、集団主義を懸念している。集団主義は過去の幻影であり、その防衛手段としての個人主義を擁護している。こうした緊張が――数百年間にわたり――存在してきた。しかし現時点では、非常に重要な単位としての個人への信頼はかつてないほど強まっている。

個人主義はけっして完璧ではなく、利己的という有害なものになりうるが、長所も確かにいろいろある。表現の自由、創造性、自主性など、自由主義のほかのさまざまなかたちもそうだ。こうしたものは守る価値があり、現に人々は守っている。口論や不正行為のほとんどは、もとを正せば、一個人の自由の追求が別の個人の自由の追求と対立している場合だとわかる。しかし、こうした対立は避けられないわけではない。

いまの個人主義はごく初期段階にあり、発展にはまだまだ時間がかかると思っておいたほうがいい。人間でいえばよちよち歩きだろう。現時点では、心の底からの深い思いやりを行動で示す可能性も、とんでもない癇癪を起こす可能性も、同じようにある。ひとつ確実に言えるのは、個人主義はなくならない、ということで、問題は、個人主義が今後どのように成長するかだろう。手に負えないティーンエイジャーになり、やがては社会に適応できない大人になるのか。それとも、集団主義となんらかのかたちでうまく調和するようになり、その結果、個人が、ひとりという単位としても、大勢の一構成単位としても、同時認識されるようになるのか。そんななか、熟議民主主義が世界中で関心を集めつつある[128]のは明るい兆しだ。個人主義と集団主義が互いに融合する方法を見つけられるかもしれない。

著者のひとこと

わたしのスタンスはこうである。壊滅的な気候変動を回避するのは可能だといまでも信じているが、それには社会・経済のしくみの変革が不可欠だ。「異なる未来、よりよい未来」のさまざまなビジョンが明確になれば、こうした変革をもたらせるし、必ずもたらすはずだと信じている。

こうしたさまざまなビジョンが自分の視野に明確に入ってくると、カレン・オブライエンのいう「変革の3つの領域[129]」の、「個人」の領域で考えて行動すべきで、そしてその内側の「実践」や「政治」の領域のことに埋没しないようにする必要があると感じるようになった。この「個人の領域」は、思考の枠組み、世界観、信条、価値観が、個人やコミュニティによって形成されたり再形成されたりしている領域である。この領域における変革が、政治のしくみの変革と、そこから生じる実践的プロジェクトの可能性につながる。

ここ数年でわたし個人の領域に多大な影響を与えてきたのが、ヒラリー・コッタムとアン＝マリー・スローターによる「サピエンス・インテグラ」に関する論文[130]、それに、ルトガー・ブレグマン[131]や、ブライアン・ヘアとヴァネッサ・ウッズ[132]のおかげで近年よく知られるようになった、人間の本質に関する目から鱗が落ちるような分析である。環境NGOの仲間たちからも刺激を受けている。なかでも、「コモン・コーズ財団[133]」のトム・クロンプトン、「ライフワールド・ラーニング[134]」のロブ・ボウデンとロージー・ウィルソン、「ニュー・シチズンシップ・プロジェクト[135]」のジョン・アレクサンダー、「グローバル・アクション・プラン[136]」のすばらしい仲間たちを挙げておきたい。書籍では、ジェイソン・ヒッケルの『少ないほうが豊か[137]（*Less is More*）』、ケイト・ラワースの『ドーナツ経済[138]（*Doughnut Economics*）』、ラリー・ゴニックとティム・カッサーの『ハイパー資本主義[138]（*Hyper-Capitalism*）』、マレイ・ブクチンの

『次の革命[140]（*The Next Revolution*）』、カーン・ロスの『リーダー不在の革命[141]（*Leaderless Revolution*）』。それに「ロジャヴァに再び緑を」運動も、まったく異なる政治のしくみや変革が実現できたら、人生は実質的な意味でどう見えるかを想像するのに役立っている。

さらなる希望やひらめきが見出せるものとして、ダニー・ドーリングとアニカ・コルヨネンの『フィンランド型ユートピア[142]（*Finntopia*）』、コスタリカやニュージーランドなどの国に見られる政治的選択、デビー・ブクチン、レベッカ・ウィリス、デヴィッド・グレーバー、マーティン・カーク、サティシュ・クマール、ヨルゴス・カリス、マリアナ・マッツカート、ネイサン・サンキ、エイミー・ウェスターヴェルト、スキーナ・ラソール、ジュリア・スタインバーガー、アンドリュー・シムズの著作や想像力。それに、世界各地に現れつつある革新的な政治家たちのビジョンや価値観にも見出せる。

本書には抜本的変革をほのめかす例をいくつか取り上げているが、そうした例を調べることは、わたしにとっても希望やさまざまなアイデアの源となった。ウォリック、グラスゴー、モロッコでいまおこなわれていることにも、「TrAd」ネットワークで飛び交うやりとりにも、刺激を受けている。イギリスの「クライメート・アンド・マイグレーション・コアリション（気候と移住連合）」が移住の概念を組み直したり、移住の機会提供のためにおこなったりしている活動は実に心強い。もちろん、わたし自身も、ネパールの農村部で地域主導型の森林農業の活動に関わることができているのは、信じられないほど幸運なことだ。これも「異なるタイプのよりよい未来」が可能な「実例」であり、エコヒマルとHICODEFの仲間たちはまさにヒーローだ。

そういうわけで、わたしが未来を心配しているのは確かだが、未来をあきらめてはいない。よりよい未来を生み出せると信じているが、それには構想期間も生みの苦しみもあることを理解している。やるべきことはたくさんある。

環境哲学者のジョアンナ・メイシーがこんな発言をしている。「いやもう大変ですよ、お先真っ暗です」[143]。これを本書第7章の見出しに使わせてもらった。メイシーはわたしのような人間に向かって言っているのである。わたしは、41歳、白人、まずまずの収入、愛する妻、生まれたばかりの息子がいて、快適な家に住んでいる。気候および生態系の非常事態を調べていると、確かにお先は真っ暗に思われるし、現にわたしも地球の現状には深い懸念を抱いている。しかし、恵まれた立場にいるわたしにとって、まだ本当の意味での真っ暗ではない。

メイシーはわたしに、お先真っ暗に浸っている場合ではない、ケイト・アロノフがちゃんと叱っている「気候変動を悲しむ少年（サッドボーイ）」[144]〔ここでは「ドゥーマー」とほぼ同義〕グループに加わるな、とたしなめている。わたしは、あらゆることの深刻さにまごつき始めるたびに、そうだ、確かにお先真っ暗だ、実に悲しいことだ、と認めなければならない、とも感じるが、ただしそのあとで、自分自身のことに捉われてはならない、これはわたし個人のことではないのだ、と思い直す。わたしは気候崩壊の最前線にいるわけではないし、自分にできることはたくさんある。メイシーによれば、必要なのは、いまを大切に生きる、本気でとりかかる、周囲のものと（人とも、そうでないものとも）つながることだ。これからも、暮らし、愛し、創造し、成長し続けること。ただし、やりかたは異なる。メイシーは、わたしたちがやりかたをほんの少しではなく、大きく変革させることを望んでいる。わたしも同意見だ。

つまり、「蝶」のシナリオの未来を期待してそのために活動することになるわけだが、その一方で「不死鳥」のシナリオの未来も除外したり恐れたりはしない。気候および生態系の崩壊による人類の絶滅に関して言えば、わたしが生きているあいだも、息子や孫の代も、ひ孫の代でもそうはならないだろう。率直に、人類が滅亡するとはわたしは思わない。協力的で、勇敢で、とにかくさまざまな創意工夫をする人類が、そうならないようにするはずである。人類の数はピークに達したあとで減っていくかもしれないし、大規模な損害や災難があるかもしれないが、気候および生態系の崩壊で人類が滅亡することにはならないだろう。絶滅せずに生き残り、不完全ながらも、いくつかの次の文明が栄える可能性は高い。この先なにがあろうとも、人類はそれに対して大いなる、そして公正な適応をおこなうだろう

――わたしはそう期待している。

さまざまなストーリー

「ネットゼロ」という表現は、気候対策への意欲を示すどころか、汚染を続けている行政府や企業の大多数の言い逃れに使われている。責任逃れ、責任転嫁、無対策の隠蔽のほか、化石燃料の抽出・燃焼・排出を拡大するためにすら利用されている。これまでどおりの、あるいはさらなる企業活動の、グリーンウォッシュに利用されている。こうした公約の中心にあるのは、向こう数十年間はなんの対策も求められないような、取るに足りない、かけ離れた目標と、大規模に実現することはまずなさそうな、しかも、もし実現すれば重大な損害をもたらす可能性がある技術の約束である。

——グローバル・キャンペーン・トゥ・デマンド・クライメート・ジャスティス（気候公正を求める世界的運動）[145]

9 〈安心のストーリー〉の力に抗う

第8章で説明したように、イギリス政府は、もし自国が「2050年までにネットゼロ」の目標を見事達成したとしても、全体としてそれを達成する国はごく少数にすぎない、と考えている可能性が高い。その見込みに沿って言えば、イギリスの取り組みは、無駄ではなくても（なすべきことをなすのが正しいことであり、0・1℃単位でも温暖化を避けることが可能なら、そうすべきであるから）、地球規模での効果は確かに限られるだろう。実を言うと、イギリス以上に意欲的な目標を掲げている国（ノルウェー、スウェーデン、フィンランド、ニュージーランドなど）もある一方で、ネットゼロ目標をまだ掲げてもいない国が、複数の超大国を含めてたくさんあり、ましてや目標実現に向けて確実に歩み始めるどころではない。では、イギリスの「ネットゼロ」への道筋はどのようなものなのか。信用できる話なのだろうか。

〈安心のストーリー〉とはなにか

「２０５０年までにネットゼロ」が適切な目標かどうかの懸念はさておき（目標が小さすぎ、遅すぎ、誤魔化しである可能性は非常に高い）[146]、その達成までの道筋を示すイギリス政府の指針には、信頼性に深刻な疑念がある。未来や未来のテクノロジーについて、よく言えば楽天的、悪く言えば危なっかしいほど非現実的な予測をしているのは明らかだ。政府計画の不備はこれまでに何度も指摘されてきている。キャロライン・ルーカス議員[147]も、ケビン・アンダーソン他[148]も、さまざまなＮＧＯや運動団体も[149]、世界トップレベルの気候科学者の多くも[150]、イギリス政府が自身のレトリックをそれに必要な対策で裏づけられるのか、その科学的根拠（政治的根拠は言うまでもない）を大いに疑問視している。

政府の人間もこうした懸念に決して耳を貸さないわけではない。閣僚も、その支持者である実業界やシビル・ソサエティ（民間組織が公共を担う社会）も、自国が「２０５０年までにネットゼロ」を達成するための軌道に乗っていないことを、内々ではおそらく認め合っているだろう。しかし、公に認めることはできないし、認めるつもりもないのは、もし認めれば、未来についての説得力ある〈安心のストーリー〉が台無しになってしまうからで、世間の人々にはそう思い込ませておこうと決めているからである。

この〈安心のストーリー〉によれば、気候変動はイギリス政府と大企業が対処可能な範囲に抑えている、という。それによれば、１・５℃の温暖化防止目標のもとでも「いつもどおりの暮らし」が実現可能で、そのほうが賢明だというのだから、うれしい話だ。ライフスタイルの微調整、輝かしいテクノロジー、儲かる「グリーン」投資、漸進的変化などからなる、ほっとさせられるような内容である。このストーリーの受け売りをする閣僚も、それを支持する人も、間違いなく安心させられる。

この〈安心のストーリー〉を疑う人はほとんどいないし、野党側の影の内閣ですら疑っていない。イギリスの環境団体にも、このストーリーに少なくとも表向きには同意している大きなグループがいくつかある。仲間内の圧力や、支援者、同僚、資金提供者からの期待で、そうせざるをえない場合が多い。このストーリーをたとえ信じていなくても、信じていると思わせておく必要があるのは、異議を唱えるとなにかと問題があるからだ。

この〈安心のストーリー〉に異議を唱えるのは、パンドラの箱を開けるに等しい。「2050年までにネットゼロ」に向けて立てられた一連の対策は、「すばらしいプレゼントのように見えて、実は災いのもと」[151]なのでは、と疑問視せざるをえなくなる。また、気候変動が対処可能な範囲に抑えられてはいない可能性や、「いつもどおりの暮らし」を維持するのに身を切るような制度改革が必要かどうか、といったことにも向き合わざるをえなくなる。非常に厄介なものが次から次へと出てきて対処に困るわけである。不穏や波乱をすでに感じている状況では、なおさら不安を掻き立てられる。「気候変動に関する〈安心のストーリー〉」と記されたパンドラの箱は隠しておいたほうがいい、と感じるのも無理はない。しかし、その箱の中身を知ることが重要なのだ。だから、怖くても開けてみなければならない。

イギリスの立法・行政・司法のさまざまな機関が陰ではせわしなく動いている様子から判断すると、

政府は、わたしたちがなにを得られるのか、もっと正確に言えば、なにを得られないかを知っているらしい。一連の政策について言えば、非常にがっかりさせられる内容と言える。政府の現行の政策のパッケージには、期待が持てるようなものはほとんど入っていない。１・５℃の可能性は限りなく低く、２℃も予断を許さず、３℃か４℃の可能性がいずれも高いことを、イギリス政府が知っているのはほぼ間違いない。こうした一切を念頭に置いているからこそ、イギリスの公的な「気候変動委員会」は、気候変動リスク評価を５年ごとにおこなっている。最新のリスク評価は２０２１年夏に公表されたもので[152]、世界の平均気温上昇が２℃と４℃の場合に予想されるイギリスへの影響を評価している。そしてこのリスク評価を根拠に「国家適応計画」[153]（ＮＡＰ）を立てている。これは、２０１５年のパリ協定の各署名国が策定して定期的に更新することが求められているもので、こうした「国家適応計画」があるのはもちろん良いことだが、その存在はほとんど知られていない。この「国家適応計画」の内容には、イギリス政府の〈安心のストーリー〉と重なる部分がほとんどないからだ。「国家適応計画」が描いているのは、「いつもどおりの暮らし」は存亡の瀬戸際にあるという世界像なのである。

ほとんどの人はそんなストーリーは聞きたくないし、話そうとする人はもっと少ない。権力の座にある人やその周辺の人はなおさらである。そういうわけで、イギリスの次期「国家適応計画」が公表されても、ほとんど騒がれずに看過されるだろう。メディアに大きく取り上げられることもなく、イギリス政府は温暖化が２℃の場合、あるいは４℃の場合についてさえ真剣に計画を立てているということが世間一般に知られることはないだろう。いつもの〈安心のストーリー〉で再びかき消されるにちがいない。

この〈安心のストーリー〉の揺るぎなさを思えば、先に触れたように、王立救命艇協会（ＲＮＬＩ）のような重要機関が気候変動への適応策をさほど優先していなかったのも無理はない。わたしたちが最初にコンタクトをとった時点でも、すでに対策がとられていて当然だったのだが。ほかの多くの機関もそうだが、王立救命艇協会にも安心感があったのだろう。気候変動がひとつの脅威であるにもかかわらず、対処可能な範囲に抑えられると思い込んでいたのだ。幸い、最高責任者が交代したことで（それに、グレイシャー・トラストが送った、気候変動がもたらすリスクに関する4ページの報告書もある程度役に立ったとわたしは期待している）、王立救命艇協会はいま、科学者や主要ステークホルダーと相談しながら、気候変動に対する詳細な適応計画を練っている。その最初の草案が２０２１年末までに完成する予定で、その後まもなく最終計画が固まるはずである。[*]

一方で残念なことに、この〈安心のストーリー〉（その中では適応の必要性はめったに言及されず、変革の必要とはなおさら縁遠い）の影響力は依然として優勢で、つまり現状では適応の準備を真剣におこなっている王立救命艇協会のほうが変わり者になっている。ほかのソーシャルアクター――各家庭、コミュニティ、スキー場、ワイン生産者から、多国籍企業にいたるまで――は、もっと楽観的か、驚くほど無防備で、適応計画がなにもないか、気候変動は対処可能な範囲に抑えられるという前提で最低限の計画があるかのいずれかだ。平均気温の上昇が２・５℃、３℃、４℃でも耐えられるような柔軟な計画がある

＊訳注　２０２４年2月時点で適応計画はまだ公表されていないが、同協会のウェブサイトには、適応計画についての明確な声明が掲載されている。https://rnli.org/about-us/sustainability/environmental

ところはどのくらいなのか。多くはないだろう。

＊

この〈安心のストーリー〉に固執しているイギリス政府やその協力者の意欲を過度に批判するようなことはしたくない。固執するのも無理もない。行動を起こすのが遅すぎたために、気温上昇を1・5℃、あるいは2℃ですら防ぐためにいま必要な対策は、相当「思い切った」ものにならざるをえない。「いつもどおりの暮らし」の微調整どころではなくなり、先に指摘したとおり、そうした現実が多くの人々を不安にさせるかもしれないからだ。

しなければならないことが膨大にあることを過小評価すべきではないし、数々の難題は単に技術的な問題だけではない。社会、経済、文化、そして哲学の問題ですらある。感情の問題でもあり、その面でも取り組むべきことは山ほどある。なんでも起こりうるし、いまの社会を作り直すことも可能ではあるが、そう簡単にはいかない。このあたりを説明するため、そしてパンドラの箱をもう少しこじ開けるため、少し寄り道をして、大規模気候テックの非現実的な世界をのぞいてみよう。

虚構の屋台骨

読者がよく耳にされているのはおそらく、再生可能エネルギー、水素や電気で走る車、スマート農業（アグリ）、グリーンビルディング、住宅の断熱といったテクノロジーの開発だろう。こうした技術（およびほかの技術）すべてを広い範囲に拡大し、大勢の人々に採り入れてもらうことが、〈安心のストーリー〉の中心的な考えである。こうしたテクノロジーの進歩の多くは間違いなく達成されていくだろうし、称賛されるだろうが、こうしたものは代価がゼロとはかぎらない。つまり、あるテクノロジー一式から別のテクノロジー一式への、社会的・人種的・生態学的に「公正な移行」が保証されていないのである。一方、こうしたものとはまた別カテゴリーのテクノロジーも進んでいるが、そちらはさほど注目されていない。しかし、〈安心のストーリー〉を下支えする予測において、それこそがほぼ必要不可欠（ミッションクリティカル）なもの、つまり、屋台骨なのだ。ざっくり言うと、「２０５０年までにネットゼロ」を達成して地球の温暖化を１・５℃に、あるいは2℃を「十分に下回る」よう抑えるための計画は、「負の排出技術（ネガティブ・エミッション）」（ＮＥＴｓ）と呼ばれる新たなアイデア、プロジェクト、機器といった一式が幾何級数的に急成長するのをあてにしているのである。

ＮＥＴｓとは、要するに、温室効果ガスを大気中から除去したり、大気中に漏れ出るのを完全に防いだりするさまざまな方法をまとめて指す言葉だ。樹木もＮＥＴｓに含められる「技術」のひとつであり、燃焼排ガスが含む炭素を溶剤に溶かしこんで回収する「スクラビング」マシーンも、発電所の煙突からの排出を防ぐこうした技術のひとつである。国連および「気候変動に関する政府間パネル」（ＩＰＣＣ）の指針に従い、各国政府はＮＥＴｓの可能性に（多額の資金はまだとしても）多大なる期待を寄せている。効果が立証済みのものも、そうでないものもあるさまざまな技術を大いに信用している。まだ発明されていない、あるいは構想すらされていないＮＥＴｓにまで信頼が寄せられている。あけすけに言えば、世界の首脳が多大なる信頼を置いている科学や工学の領域が、いまはまだ「小学校」段階なのである。NETsに信頼を置くべきかどうかは、気候科学者、気候モデル開発者、社会公正を目指す活動家たちが論争している。しかし、望まれている効果を得るためにはNETsがどれほど甚大な規模で導入されなければならないかは、気候危機ムーブメント全体には、ましてや世間一般の人々にはほとんど認識されていない。NETsのひとつのカギとなる計画――「炭素の回収・貯留付きバイオエネルギー」（BECCS）――を見れば、とんでもない規模の夢に一か八かで賭けようとしていることがわかる。

BECCSは、ごく簡単に言うと、炭素を吸収してくれる成長の早い木を大量に育てて伐採し、発電所へ運んで燃焼させて発電し、その燃焼煙から二酸化炭素を回収して液状にしたものを、放棄された地下帯水層や油井に埋めることである。このBECCSを商業ベースでおこなっている施設は、いまのところ世界にひとつしかない。米イリノイ州にあるアーチャー・ダニエルズ・ミッドランド（ADM）の工場がそうだが、この工場は実際には木を燃やしていないし、発電もしていない。トウモロコシを燃やして燃料を作っている。つまりバイオエタノールである。この工場は、排出する二酸化炭素を100パーセント回収でき、回収後は、工場に近いイリノイ盆地の含塩水層であるサイモン山の砂岩累層に隔離している。このバイオエタノールは同社の主力製品のひとつであり、大手エネルギー企業数社に販売され、そこで無鉛ガソリンと混ぜられて、トラック、鉄道車両、大型荷船用の比較的クリーンな（でもクリーンではない）燃料になる。(154)

BECCSの施設はほかにもいくつか世界各地にあるが、いずれも商業ベースではない。一方、「炭素の回収・貯留」（CCS）を商業ベースでおこなっている施設は20カ所近くある。残念ながら、こうした施設は木などの植物ではなく、化石燃料を燃焼させている。BECCS施設の建設はあと20カ所ほど計画されているが、増設ペースは期待されていたよりも遅いし、グリーンウォッシュ的な見せかけに終わらない成果を上げるのに必要なペースに比べれば、はるかに遅い。

具体的にどのくらいの増設が必要かは、現時点での達成具合を見ればわかる。現在稼働中の「炭素の回収・貯留」（CCS）施設18カ所合わせて、年間約4000万トンの二酸化炭素を回収しているが、そのわずか10パーセントしか、計画どおりの地質学的方法で貯留されていない。[155]「ネットゼロ」への計画づくりに用いられている複数モデルの試算によると、CCS――特に「炭素の回収・貯留付きバイオエネルギー」（BECCS）――が気候危機に対するひとつの「解決策」となるのは、年間150億トンの二酸化炭素を、永遠に、回収し続けた場合である。[156]それには、実に大量の木と、約1万5000カ所のBECCS施設が必要になる！[157]実際の状況に当てはめてみよう。国連の推定では、2030年までに約1400の都市が50万人以上の人口を抱え、世界人口の60パーセントがこうした都市で暮らすことになるという。[158]BECCS施設1万5000カ所の60パーセントは9000施設だから、平均して、この1400の都市がそれぞれ、BECCS6施設分の建設スペースを見つけなければならない計算になる。

この施設建設に地元住民が反対する可能性はかなり高い。こうした施設は小さくもなければ、美しくもないからである。最新のBECCS6施設分の建設許可を求めて、たとえば、バーミンガム市議会に計画を申請したとしよう。市議会で正式に承認されるには、幸運（あるいはかなり強いコネ）が必要になるだろう。それに、バーミンガム市（人口115万人）が6施設では公正な分担ですらない。12か13施設は建設しなければならないだろう。しかもこれはBECCSの大規模化を阻む困難のひとつでしかない。BECCSの事業を回すのに必要なだけの木や植物一切を育てるための土地、水、肥料の確保がどれほど難しいか、想像してもみてほしい。土地の収奪はどんな規模であれ反対されるものだが、これだけの規模で水と土地を収奪しようとすれば猛烈な反対にあうだろうし、反対にあってしかるべきだ。

ほとんど信じられない話だが、このBECCSこそが、気温上昇が危険なレベルに達するのを防ぐためのさまざまな政府計画の中核とされる「ネガティブ・エミッション技術」（NETs）なのである。こうしたものが必要な規模で機能するために克服しなければならない、技術的、社会的、生態学的な壁の高さを考えると、BECCSやそれ以外のNETsがあるから大丈夫、などと当てにしないほうがよさそうだ。それどころか、そうした技術を当てにしたり、そうした具体的な技術の現実にほとんど触れもせずに、それを当てにした「2050年までにネットゼロ」という安心ストーリーをつくり上げるのは、おそらく完全に道義に反しているだろう。

予防原則を適用したほうがいいのではないだろうか。#RaceToZeroにおける「ネガティブ・エミッション技術」の寄与は、わずかなものにしかならないことを想定し、そうした技術を当てにしない1・5℃／2℃への計画を立てるのである。とはいえ、NETsを当てにしない場合、2℃より低く抑えるために必要な対策はさらなる急を要し、事態はさらに厳しくなる。ケビン・アンダーソンとアイザック・ストッダードの推定では、イギリスが自国の炭素予算（カーボンバジェット）を超えないようにするには、緩和策を超特急で増やす必要がある。温室効果ガス排出量を、２０２５年までは毎年10パーセント、その後２０３０年までは毎年20パーセント削減し、２０３５年頃までに（ネットゼロではなく）「リアルゼロ」のエネルギーシステムを実現する必要がある。[159]

この半分でも達成できれば目覚ましいことで、２０３５年までの完全脱炭素化にはとてつもない努力が必要になるだろう。こうした目の前の課題を、アンダーソンは、ルーズベルト大統領の１９３０年代のニューディール政策と１９４８年のマーシャルプランを足したようなもの、とみなしている。[160] 大げさに言えば、「環境（グリーン）ニューディール・マーシャルプラン」の超巨大版といったところだろうか。社会の混乱と再編はとてつもない規模になるだろう。あの「トランスフォーマティブ・アダプテーション（変革的適応）」運動（第7章参照）は、まさにこのことを言っているのである。微調整どころではなく、大規模な変革であり、「いつもどおりの暮らし」の全面的見直しになる。

つまりこれが、〈安心のストーリー〉に開いている、「ネガティブ・エミッション技術」（ＮＥＴｓ）や「炭素の回収・貯留付きバイオエネルギー」（ＢＥＣＣＳ）と呼ばれる大きな穴の様相である。このストーリーが内包しているごまかしはほかにもいろいろある。「直接空気回収技術（ダイレクト・エア・キャプチャ）」（ＤＡＣ）、「太陽放射管理」（ＳＲＭ）、「海洋肥沃化」など、気候工学（ジオエンジニアリング）のさまざまなアイデアがメディアに突如取り上げられては、こうした技術があるから大丈夫、と報道される。一方、まだ登場すらしていないのは、確実で、拡張可能（スケーラブル）で、――そしてなにより重要な――公正さを備えたなにかである。にもかかわらず、〈安心のストーリー〉は跋扈し、あまつさえ「その２」まである。

〈安心のストーリー〉（その2）

気候変動の悪化で〈安心のストーリー〉その1が破綻し始めるにつれ、気がつけば状況はますます恐ろしいものになる。またいちから安心させなければならなくなり、ここで〈安心のストーリー〉その2が登場することになる。耳触りのいい論調は相変わらずだが、今度は、気候変動に襲われたときの安全を確保するべく、影響力のある関係主体によって導入されつつあるさまざまな適応計画についてのストーリーになるだろう。このストーリーその2では、さまざまな解決策がまたしても科学や大規模な気候テックとして伝えられるだろうし、適応は、その分野の「世界トップレベルの」リーダーたちによって、わたしたちに代わって、わたしたち自身のためにおこなわれる、トップダウンプロセスとして示されるだろう。ここでもやはり、漸進的な変革だから混乱は最小限で済む、と強調されるだろう。これは憂慮すべきことになりそうである。だから、〈安心のストーリー〉「その1」と同じように、「その2」も疑問視しなければならない。もうすでに注目され始めているからだ。気候危機ムーブメント全体や住民の共通認識にある適応の概念を、組み立て直す必要がある。

＊

2020年、レイチェル・ハーコート他が明らかにした[161]、イギリスの新聞に取り上げられた適応ストーリーのなかで、圧倒的に多かった記事がこれだった。「洪水が起こり、さまざまな損害をもたらしている。責任はイギリス政府にある。もっと堤防が必要だ。政府が堤防をつくるべきだ」。この種のストーリーに加えて、住宅保険でカバーされる内容や自分が住んでいる地域の洪水対策を確認するよう促す記事もある。適応しようとしている農家や動物のストーリーもひとつやふたつあるかもしれないが、まあそんなところだろう。要するに、大々的に報じられるようなテーマではない。特に、洪水の影響を受けやすい低地にでも住んでいないかぎりは関心を持ってもらえないし、イギリスでは大多数の人がそういうところには住んでいないからである。

環境関連セクターのなかですら、適応のストーリーはなかなか取り上げられないし、取り上げられても、どうせうまくいかないと批判されるか、環境運動家が（いますぐ）心配すべきことではない、と相手にされないかのいずれかだ。２０２０年にグレイシャー・トラストが調査したところ、イギリスの５大環境保護団体による記事で気候変動への適応に焦点を当てたものは、わずか０・82パーセントだった。[162]なにかのついでに言及されることはあっても（しかも肯定的とはかぎらない）、適応に焦点を合わせた記事を環境保護運動の世界で目にすることは依然としてめったにない。

適応についてもっと理解したければ、登録可能なメーリングリストがいくつかあるし、[163]ビル・ゲイツが支援している取り組みを応援したければ、２０１８年設立の「グローバル・センター・オン・アダプテーション（ＧＣＡ）」もある。[164]それ以外では、（ａ）さまざまな行政府や機関の適応の取り組みの具体的なケーススタディを読む。（ｂ）いくつかある長文の学術論文などのＰＤＦファイルを検索し、「気候レジリエント発展の道――イギリスの生態系ベースの適応計画（*Climate resilient development pathways*-

an ecosystem-based adaptation programme for England)」といったタイトルのものを読む。（c）やはりいかにもお役所的タイトルの分厚い本を熟読する。『気候変動に対する適応政策の枠組み（*Adaptation Policy Frameworks for Climate Change*）』なんて、すすんで読みたい人がいるのだろうか。気候変動適応にはイメージ問題があるのも不思議ではない。

適応をとにかく無視したいという誘惑は強い（しかも無視するのはたやすい）が、それは対処法としては危険な部類である。ここまで説明してきたように、適応は現に起きているし、いやが応でも、今後ますます大規模に必ず起きていく。これは、すべての人にとって良いこととはかぎらない。なんであれ真の変革には本質的に抵抗するような国、主要ＮＧＯ、大企業任せになっている場合はなおさらだ。なんらかの安心のストーリーでわたしたちをなだめようとするにちがいない。適応は――緩和と同じように――軌道に乗っている、対処可能な範囲に抑えられている、「超優秀な人たち」に任せておけば大丈夫、と言うだろう。

こうした〈安心のストーリー〉を受け入れれば、わたしたちに相談もなく、わたしたちを介すこともなく、わたしたちの代わりに意思決定されたことを受け入れることになる。それでも構わない、と思っている人は、もし自分が意見を求められていたら、あるいは声をあげていたら、賛成しなかった「解決案」であっても、受け入れる覚悟が必要である。わたしたちが、市民として、決定された計画に同意すれば、うまくいくかもしれない。でも、うまくいかない可能性もある。わたしたちに示されている適応「策」は、〈安心のストーリー〉その1で納得させようとしている、いまの緩和「策」と同様に欠陥のある、漸進的なものになってしまうかもしれない。適応や誤適応に対して、一番懸念されていることが現実になり始めるかもしれない。

レイチェル・ハーコート他の論文「イギリスの新聞はどんな適応ストーリーを伝えているか（*What Adaptation Stories are UK Newspapers Telling?*）」は、一種の警告を発している。適応に関するある具体的なストーリーが定着し始めていることを明らかにし、声をあげることが重要なだけでなく、急務である、としている。イギリスの新聞は、適応を、社会を現状どおり守るために、影響力のある人々によって、ほかの人々に対して、おこなわれる技術的プロセスのひとつだと伝えている。こうしたストーリーが定着すれば——放っておくとそうなる可能性がある——、そのストーリーが、適応とはなにか、なんの（そしてだれの）ためかの共通認識を形作ることになる。その共通認識が今度は、適応とはなにか、だれが得するのかを方向づけていく。なぜそう言えるのかというと、パブリック・リレーションズに携わっている人ならだれでも知っているように、未来のストーリーは、何度も繰り返し伝えているうちに現実になり始めることがあるからだ——金も力もある人が伝えていれば、余計にその危険がある。

適応はわたしたちに対しておこなわれるもの、と言われたら——そしてそのストーリーに異論を唱えなければ、あるいは別のストーリーに耳を傾けなければ——本当にわたしたちに対しておこなわれるものになってしまう。わたしたちによる、わたしたちのためのものではなく、いまの不均衡な社会・経済のしくみをそっくりそのまま維持する、より大きなプロジェクトに織り込まれてしまう。適応がわたしたちに対しておこなわれるのを望まない、そして、いまの社会・経済のしくみがそっくりそのまま維持されるのを望まないのであれば、もっと関心を引くような新たな適応ストーリーを主流にしていく必要がある。適応のイメージをアップし、変革のストーリーにつなげる必要がある。こうした新たなストーリーを組み立てて、世界中のチェンジメーカーたちへ繰り返し伝えていくために、いますぐ団結することが、適応の共通認識を方向づける戦いに勝てる唯一の方法である。

おわりに――適応は避けられないが、誤適応は避けられる

気候運動に関わっている人のなかには、適応は「Aワード」〔嫌いだとあからさまに言うのをはばかる意〕だという人もいる。[165] その話をするのも、されるのも嫌がる。適応と緩和を互いに対立させ、どちらか一方を選ばされる場合は特にそうなりやすい。幸い、こうした対立や捉えかたは、かつてほどではなくなっているが、いまもある。アンチ適応派とはかぎらなくても、賛成だと明言もしない人もいる。こうした人々は不可知論の立場に留まり、適応についての積極的なナラティブは緩和の取り組みによくない影響を及ぼしかねない、という懐疑論を引き合いに出すくらいで、あとは黙っていたがる。適応提唱派の目的を非難する人さえいる。特に冷笑的な向きは、適応をあまりにも狭くとらえ、そんなものは利己的な人間がすること、と一笑に付している。

適応に懐疑を抱くのは無理もないことで、適応がこれまでどのように提示されてきたかを考えれば、なおさらである。テクノクラートによるトップダウンの取り組み、利己的な追求、神を演じたがる大富豪のお遊び、などと受けとめられていれば、適応は不愉快なものに思える。適応を提示する際にほかに

よく用いられている「緩衝」「備え」「科学技術的（テクノサイエンティフィック）」「環境にやさしい（エコロジカル）」などには、[166]それぞれ長所があるものの、いずれも、適応に注目を集め、広くアピールするものとして位置づけられてはいない。このような状況では、適応の議論をしたがらない状態が続くのも当然かもしれない。しかし、適応の議論をせずに、適応という問題が自然消滅するのを願うのは前向きなやりかたではない。適応は必ず起きる（現に起きている）から、適応についてのさまざまなストーリーがきっと出てくる。だから、まだ比較的新しいテーマであるいまのうちに関わったほうがいい。そうすれば、ほかのさまざまな重要課題の解決にも役立つものとして、適応を方向づけ、提示していくことが可能になる。

懐疑心、さまざまな〈安心のストーリー〉、無関心、懸念、こうしたものを克服するため、適応を住民主導のもの、公正なもの、社会および経済の変革のもっと多種多様な目標を支えるもの、に組み直せる。そういった適応ストーリーを定着させることができれば、そのストーリーが、適応についての考えかたを形成し始める。そうなれば、環境に配慮し、社会的に公正なやりかたで、適応が実践される可能性が高くなる。そうしたかたちであれば、適応は緩和や変革のさまざまな取り組みを補うことになり、現実の世界でも想像の世界でも、阻止することはありえない。

*

いまの世界的な社会不安を考えれば、なんらかの抜本的な変革をおこなうには、変化を求める気持ちがいたるところにあるいまが絶好のタイミング、と主張する人々がいる。逆に、政府の〈安心のストーリー〉を捨て去り、目の前の事態が実は深刻であることをいま暴露するのは、まったく最悪のタイミング、という主張もできる。まっとうな人なら、落ち着いて秩序を取り戻そうと努めるのが当然ではないか、と。

しかし、結局のところ、気候変動はいま目の前にある。世界の平均気温は少なくとも1・2℃は上昇しているから、少なくとも1℃の上昇を防ぐために作成されている国連支援のいくつかの計画には、重大な欠陥があると思われる。事実がそのうちに暴露され、さまざまな〈安心のストーリー〉でなだめることも安心させることもできなくなり、新しいなにかが真正面からぶつかってくるだろう。グレタ・トゥーンベリがニューヨーク国連本部でスピーチしたときの苛立ちは、心の底からの怒りの表現であり、演技などではなかった。[167]グレタは環境保護運動で際立って目立つ存在だが、同じように怒りを感じている人はほかにも大勢いる。目標設定のレトリックと現実の対策との大きなギャップにますます多くの人々が気づくにつれて、そうした怒りが広がりつつある。まだ怒りを感じていない人も、そのうちに感じるようになる。しかし、そうした激しい怒りを募らせるのではなく、上手に利用しよう。〈安心のストーリー〉が一度破綻すれば――必ず破綻する――変化が起こるはずである。グレタ世代には、そうした変化を確実に起こす比類なき力が備わっているからだ。

いまの若者は、これまでのどの世代よりも多くの情報にアクセスでき、しかも、そうして得た知識を分析し、総合的に判断する力がある。批判的に考え、共感し、これまでの世代とは異なるやりかたのシステマティックな思考ができる。こうした「エコロジカル・インテリジェンス」[168]を備えている若者は、あまりにも長いあいだ別々のものとして示されてきたさまざまな検討課題を線で繋いでいくことができる。そして、その関連性やクロスするところを見つけるにつれて、怒りも意欲も大きくなる。男女格差、人種差別、環境悪化、社会的不公正、こうしたものが別々の問題ではないこと、公正で正常に機能しているしくみであれば解決可能な問題であることを理解している。いまのしくみそのものがうまく機能していないことに気づいている。したがって、建前主義や子どもだまし、あるいは連携のない縦割り的に感じられる行動を起こす誘いには応じない。代わりに、もっと幅広く奥深い変革を要求する。いまの若者はシステマティックな思考で問題を考えているから、解決策もシステマティックな思考で考えている。見ていて勇気づけられるし、大いに希望が湧いてくる。

気候変動は目の前にあり、さらなる混乱は避けられない。したがって、適応も避けられないが、誤適応は避けられる。よい（あるいはすばらしい）大適応も、社会変革も、可能である。だから、怒りだけでなく、自分自身も燃え上がらせよう。うまく機能していないしくみを支え続けている、経済や人間性についての根深い思い込みを問いただしている人々と共に行動しよう。そうした人々と協力し、そうした思い込みを社会レベルで変えていこう。そうすれば、新たなかたちの政治や経済が現れるかもしれない。異なる未来、よりよい未来のビジョンは、外に目を向ければすでにいろいろある。別の未来像も思い描けるし、システムの変革は可能であり、新しい未来を構築できるはずである。

あとがき

すでに起きている地球温暖化のさまざまな影響は穏やかではない。命も暮らしも——世界のいたるところで——すでに一変している。しかし、動物も植物も、そして人間も、気候変動が我が身にふりかかるがままにせず、適応しつつある。計画も資金もきちんとある適応策もあれば、まったくない適応策もあるが、いずれも影響をもたらす。本書で取り上げたもの——そして取り上げなかったほかの多く——はひとつ残らず、これからの適応策を考えるうえでなんらかの参考になる。早期適応者の経験を、その成功例、失敗例とともに学ぶことがきわめて重要だ。先行例を無視するのは、自分たちの未来を無視するのと同じである。

本書は、書籍のかたちをとっているが、運動を起こすための資料でもある。グレイシャー・トラストの支援者が自分用に購入してくれているほか、環境運動の中心的人物やインフルエンサーに配布してくれている。グレイシャー・トラストはほかにも、次のような報告をおこなってきた。①年次報告書「適応について議論する必要がある（*We Need To Talk About Adaptation*）」[1]を発行し（2019年度と2020

年度の2回）、イギリスの5大環境保護団体の発信コンテンツに適応への言及がほとんどない点を指摘。②短編動画「コーヒー・気候・コミュニティ（*Coffee. Climate. Community*）」[2]を公開し、適応策のひとつとして、ネパールのソルクンブ郡でのコーヒー栽培の事例を紹介。③「気候変動適応策——レジリエンス、自給自足、制度変革の報告（*Climate Adaptation: Accounts of Resilience, Self-Sufficiency and Systems Change*）」[3]（出版はアークバウンド社）の1章分を寄稿。本書はもちろん、これらの資料が参考になり、個人的にも仕事上でも、適応に関わる気になってもらえたら幸いである。

最後に、ぜひわたしたちの仲間になっていただきたい。第9章で説明したように、気候変動適応はイメージ問題を抱えている。いまあるさまざまなナラティブの多くは役に立っていないし、環境保護運動全般（ましてや、もっと広く世間一般）に注目してもらううえでむしろ妨げになっている。グレイシャー・トラストは、社会的公正と生態系改善の考えかたに基づく前向きな変革のプロセスのひとつとして、適応を提示しようとしている。本書でもそう努めてきたが、わたしたちもほかの人々も、適応ストーリーの伝えかたを磨くさらなる努力が必要だ。そこで、本書やほかで読んだ適応ストーリーをだれかに話したり、かたちを変えて伝えたりする際には、どのように伝えるかもよく考えてほしい。つまり、どんな価値観、信条、パラダイム、世界観を促したり強化したりするかが重要なのである。ここを自覚していれば、適応について考え、実践するやりかたを、みんなでいっしょに変えていける。必要なのは、住民主導で全員参加型の、しかも気候が大きく変動しても持ちこたえる柔軟性のある、適応策のストーリーなのだ。

このような適応ストーリーを定着させ、適応の未来を方向づけるものとするには、効果が証明されていて拡張可能(スケーラブル)で、やる気にさせる適応戦略の実例が必要である。また、適応しない例からの戒めも、適応をうまく伝える表現も、必要になるだろう。本書は始まりに過ぎず、もっと多くの本が……映画、詩、ポッドキャスト、歌が、必要だ。本書は適応を支持するものであり、あなたにも仲間になっていただきたい。

謝辞

本書ができたのはチームワークのおかげだ。多くのすばらしい人たちに支えていただき、感謝申し上げる。本書の草稿を何度も読んではコメントしてくれたグレイシャー・トラスト受託者のアンディ・ラザフォードは、わたしにとって編集者であり、批評してくれる友人であり、これからお名前を挙げるさまざまな方々の調整役でもあった。このプロジェクトに意見、独創性、才能をたっぷり提供してくれたハンナ・アハメドは、本書デザインを担当し、見事に仕上げてくれた。本書を紙のかたちでシェアできるようにしたかったわたしの希望を、すばらしいユーモアと忍耐力とでかなえてくれた。表紙および各パート扉を飾る切り絵〔日本語版には収録していない〕を制作してくれたスージー・ハリソンは、その作品のオリジナルを当グレイシャー・トラストに寄贈までしてくれた。以下の人々にも感謝を伝えたい。本書出版のために膨大な作業を担当してくれたアークバウンド社のスティーブ・マクノートとそのチーム。写真入手、編集作業、ソーシャルメディアキャンペーン用のアセットデザインで多大なるサポートをしてくれたグレイシャー・トラストのボランティアのエレン・タリー。本書のプロモートを指南し、このメッセージを届けたい人々に本書を知ってもらえるよう手伝ってくれたエリー・ドノヴァン。

本書の草稿を読んでコメントをくださったみなさんにも感謝申し上げる。本書になにか間違いがあれば、それはわたしひとりの責任であり、本書に出てくるさまざまな意見や不正確な点について、みなさんにはいかなる責任もない。アンディ・ヒリアー、アン・フィリップス、カリス・リチャーズ、クレイグ・ハットン、ディナナス・バンダリ、エレン・タリー、キム・ドーセット、マーセラ・テラン、メアリー・パート、リチャード・フィリップス、ルパート・リードに、心からの謝意を伝えたい。

力づけられるストーリーや理論を教えてくださったみなさん、お顔のわかる写真の利用を許可してくれたみなさん、本書を書き始めてから書き終えるまでずっと励まし続けてくれたみなさん。ジェイミー・フォーサイス、ピーター・オズボーン、リチャード・アレン、レヴィソン・ウッド、ロビー・ウドバーグ、エマ・マキラン、エレン・ウィンフィールド、グリン・フィリップス、エルサ・デイヴィス、ケリ・ジョーンズ、リズ・コズロフ、アマンダ・コリンズ、アリス・ベル、アンドリュー・シムズ、マット・レンデル、ジョニー・ケイヴ、ダニエル・ストーン、マーク・フィリップス、フェルガル・バーン、リサ・シッパー、ナラヤン・ダカール、クリシュナ・ギルメ、そして、イギリスの「グローバルアクションプラン」、ネパールのエコヒマル、ヒマラヤコミュニティ発展フォーラム（HICODEF）、トリブバン大学、デウサAFRC、マンダンデウプールAFRCの友人であり仲間であるみなさん、どうもありがとう。

第9章にお名前を挙げているみなさんにも感謝申し上げたい。おかげで勇気づけられ、考えさせられた。今回引用させていただいた、著者、映画製作者、運動家、研究者のみなさんにも感謝している。本書の参照文献リストは、グレイシャー・トラストのウェブサイト上の「Great Adaptations」にも掲載している。そちらをご利用いただければ、ワンクリックで引用元へ飛べる。

最後に、事前公開の「クラウドファンダー」でご支援くださった方々、そして、グレイシャー・トラストの活動、とりわけこの「Great Adaptations」プロジェクトをご支援くださっているケネス・ミラー財団とマーガレット・ヘイマン慈善財団にお礼申し上げる。

日本語版刊行に寄せて

茨城大学
田村　誠

はじめに

本書『大適応の始めかた』は、２０２１年のＣＯＰ26までのイギリスや、ネパールなどの気候変動適応を事例として扱っている。本稿では、日本語版刊行時点での追加あるいは補足として、２０２１年以降の気候変動の国際動向、誤適応の事例、日本の気候変動対応等を紹介する。日本の読者の気候変動適応に関する理解の一助になれば幸いである。

２０２１年から２０２３年にかけて、ＩＰＣＣ（気候変動に関する政府間パネル）は第６次評価報告書を公表した。この報告書でＩＰＣＣは、人間の影響が過去２０００年間、とりわけ20世紀後半以降の大気、海洋及び陸域を温暖化させてきたことには疑う余地がないと結論づけた（IPCC, 2021）。これまでのＩＰＣＣ報告書では、人間活動と気候変動の因果関係を「確信度」という確率的な表現で慎重に論じていたが、第６次評価報告書は人為起源の温室効果ガス等の排出が主要な原因であると断定している。

２０２３年は世界全体としても日本についても平均気温が観測史上最高を記録しており、歴史的に暑い一年となった。２０２３年の世界平均気温は１８５０～１９００年に比べ約１・４５度高くなった（WMO,

2024）。日本でも２０２３年の平均気温は基準値から約１・２９度高く、１８９８年の統計開始以来の最高記録であった（気象庁、２０２４）。そして、世界各地で気候変動に起因する悪影響が見られた。２０２３年末のドバイのＣＯＰ28で初めて実施されたパリ協定の進捗管理評価（グローバル・ストックテイク）では、「世界の気温上昇を１・５度に抑える」というパリ協定目標までは隔たりがある（順調に目標達成に至る軌道上（オントラック）ではない）こと、１・５度目標に向けて行動と支援が必要であることが確認された。そこで、「化石燃料からの移行を進め、今後10年間で行動を加速させる」ことを定め、ＣＯＰとして初めて「化石燃料からの脱却」に向けたロードマップが承認された。

このように、気候変動を取り巻く状況は動き続けている。２０２０年はＣＯＶＩＤ－19のパンデミックにともなう社会経済活動の停滞によって、世界の温室効果ガス排出量が一時的に低下したが、２０２１年、２０２２年と再び増加に転じ、世界全体で減少傾向になっているとはいまだに言えない。緩和策は当然進めていくべきだが、否応なく適応策の重要性はますます高まっている。ただし、これは緩和策をあきらめて適応策に移行すべきという意味ではけっしてない。適応策にも限界があり、将来の気温上昇が2度までに抑えられるのか、4度まで上昇するかで適応の方法は変わる。適応策が十全に機能するためにも緩和策が必要である。一方、緩和策は効果が出るのに時間がかかるため、その間に顕在化する気候変動の悪影響に対応するためには適応策が必要である。すなわち、気候変動において緩和策と適応策は相互補完的な役割を担っている。

誤適応（maladaptation）

誤適応とは、緩和策、生物多様性の保全、公正性等に反する適応策である。本書では、スキー場での人工

メコンデルタ沿岸域　2020 年 1 月
海岸侵食が進み、マングローブ林が崩壊

紅河デルタ沿岸域　2019 年 8 月 UAV
マングローブ林が水産養殖池に改変

降雪、マイアミでの浸水した家から高い地域への移住にともなう不公正なジェントリフィケーション、カタールの舗道でのエアコン設置、などを誤適応の事例に挙げていた。ここでは筆者の研究フィールドに関連する事例もいくつか紹介したい。

低平地の沿岸域開発は注意を要する。海面上昇への対策といえば、堤防の建設や嵩上げが思い浮かびがちだが、実はそれだけではない。沿岸域の適応策は「防護」「順応」「撤退」に分類され、「防護」にあたる対策は堤防に加えて、沿岸植生や「生態系を活用した気候変動適応策」(Ecosystem-based adaptation: EbA) といった方法も考えられる。また、沿岸植生や生態系の働きをないがしろにすれば「順応」策も誤適応を招きかねない。たとえば東南アジアの沿岸域においては海面上昇、海岸侵食、塩水侵入が進んだために、潮間帯のマングローブ伐採をおこなって農地からエビや貝の養殖池へ土地改変する事例があるが（上図）、数年後には病害によって棄てられる養殖池も散見され、農業や生態系に対する長期的な悪影響をもたらす誤適応とみなされる。地域の実情に応じた対応、すなわち防護、順応、撤退の組み合わせを検討していくべきであろう。

他にも、不十分な防護によって本来は危険な土地が造成され、被害を招くこともあるだろう。たとえば、平成30（２０１８）年7月の豪雨による広島周辺の豪雨被害拡大には、豪雨強度が激しかったことに加えて、郊外山麓部へのスプロール、農地転用による低平地の市街地開発などの要因が指摘されている。

２０２２年のＩＰＣＣの報告書にも誤適応の記述が複数分野にわたって多数あることは、とりもなおさず誤適応が起こりやすいことを反映している。ＩＰＣＣ報告書では、科学的知見が不十分であったり、短絡的であったり、部門連携が分断された状態で、あるいは包摂的でないガバナンスで適応を計画・実施すると、誤適応を招きやすいと論じている（IPCC, 2022)。

日本、地域における適応

翻って誤適応を防ぎ効果的な適応を導くには、柔軟性があり分野横断的であること、多くの部門や制度に便益をもたらす包摂的かつ長期的な計画と実施であること、科学的知見が十分にあること、などが必要だと考えられる。本書では、どんな適応でも特定のコミュニティのニーズをきちんと把握することが大切であり、住民が便益を得ることがあれば、彼らが連携してその成功を継続できると述べられている。その成功事例として著者は、モロッコの霧捕集、ネパールのアグロフォレストリーなどを挙げていた。

そもそも気候変動の影響は多岐にわたり、地域の自然条件、社会経済、分野によって適応策の優先度も異なる。気候変動適応は、地域の実情やニーズをよく理解することから始まるのはもちろん、気候変動の影響把握や適応策の検討、実施においても地域の役割が重要であり、ここでは日本の行政や地域の取り組みを紹介したい。

日本においても農業、災害、健康などの多くの分野で気候変動影響が顕在化している。２０１８年12月には「気候変動適応法」が施行され、気候変動適応政策は大きな転換点を迎えた。つまり、それまでは１９９８年施行の「地球温暖化対策推進法」が主に緩和策の法的根拠となっていたが、気候変動適応法によって適応策も法的裏づけを持ったことになる。同法においては、日本政府は気候変動適応計画を策定し、その進展状況の把握、評価手法を開発すること、約5年ごとに気候変動影響評価を更新し適応計画に反映すること、情報基盤の整備、地域での適応の強化をおこなうこと、などが規定されている。２０２４年4月には「改正気候変動適応法」が全面施行され、それに基づいて暑熱対策が強化された。具体的には、熱中症対策実行計画、熱中症警戒アラートの法的な位置づけ、指定暑熱避難施設（クーリングシェルター）、普及啓発などが強化された。

地域での適応を強化するため、気候変動適応法では、国立環境研究所に設置された全国の気候変動適応センターと気候変動適応情報プラットフォーム（Ａ－ＰＬＡＴ）を中心にして都道府県や市町村に地域気候変動適応センターを設置し、各自治体でも地域気候変動適応計画を策定することが努力目標とされた。同法の施行を受けて、２０１９年4月より筆者の所属する茨城大学も茨城県地域気候変動適応センター（ｉＬＣＣＡＣ）を設置し、全国で5番目、大学としては初となる地域気候変動適応センターの機能を担うことになった。気候変動のリスクは地域ごとのハザード、曝露、脆弱性に大きく依存するので、地域ごと、分野ごとのきめ細かい影響の把握と適応策の実践が必要となる。地域気候変動適応センターは、県、市町村、そして地域のコミュニティのそうした適応を支援する役割を担うものだ。ｉＬＣＣＡＣでは、これまでに茨城県の水稲や水害への影響とそれらの適応策を報告書にまとめるなどして、地域の適応を支援してきた（次ページ上

iLCCACでの実践

図）。そして、地域の農家への適応情報交換、住民との防災活動などの実践を重ねている。iLCCACの場合には、研究や適応計画策定支援はもちろんのこと、大学生が地域に入って気候変動に関する調査や実践をおこなえることも特徴になっている。

実は、地域には「隠れた適応策」がすでに実践されていることがある。防災、農業など既存の施策にも適応策に資するものが多く存在するのである。日々の天候によって細かい工夫を重ねる農業は適応の知恵や事例の宝庫である。また、ハザードマップ作り、避難訓練、防災教育といった地域主体の防災は、気候変動適応にも繋がっている。ただし、従来であれば十分とみなされていた対策が気候変動の影響で見直しを迫られる場合がある。将来の気候変動を加味した場合に、作物栽培、堤防の設計基準などの既存の対策や政策が今後も適切であるかどうか、再点検していかねばならない。すなわち、「気候変動対策の主流化」と呼ばれるように、多くの分野での取り組み・対策に将来的な気候変動影響を取り入れることが必要になっている。その際には、気候変動影響予測をより高い技術と精度で実施することも欠かせない。気象と気候の変化を日頃から実感あるいは観測して適応策を講じる主体は、地域の地場産業、住民等の地域の人々である。将来的な気候変動影響を考慮したうえで既存対策の何を変え、何を守るべきかが問われている。

「思慮深い適応」と「気候にレジリエントな開発」

本書には、「グレイシャー・トラストは適応を、人と人、人と自然界との関係性を一変させる、市民主導の思慮深く意識的（mindful）なプロセスのひとつと捉えている。わたしたちは公正な適応、より公平でより環境にやさしい新たな社会および経済モデルへの公正な移行を提唱している」（p. 41）、「将来の真に『大きな』（great）適応策は、世界をより広い視点で考えるものになるだろう。気候変動だけでなく、自然界のほかの分野、テクノロジーの世界、政治の世界に見られるさまざまな変化に適応するものになる」（p. 148）とある。また著者は、気候危機の事態が非常に悪化した未来には、「ディープ・アダプテーション」と「トランスフォーマティブ・アダプテーション」のような概念の根底にある考え方が取り入れられるかもしれないと述べ、その2つは漸進的（incremental）な適応ではないとも指摘している。

漸進的適応は、特定分野の被害の軽減に向けた対策の強化から始まる。前述のとおり、日本では漸進的適応がすでに多く取り組まれている。農業、災害、健康などの分野ごとの影響予測、科学主導型適応は進みつつあり、前述のA－PLATなどにもその成果は多く紹介され、地域で実践されている。それに対して、本書が見据える思慮深い適応とは、少なくとも分野横断型、相乗効果を生む適応策だと考えられる。日本で取り組まれてきた「気候変動対策の主流化」は漸進的適応に見えるかもしれないが、他計画との整合性を取るためにも必要な過程である。各分野の対策が気候変動を前提に主流化していくためには、分野横断型の対応が求められるはずである。

　このように見ていくと、本書が勧める「思慮深い／意識的な（mindful）適応」をまず身近なところから始めていくとすれば、それは近年提唱されている「気候にレジリエントな開発（Climate resilient development: ＣＲＤ）」の概念に近いのではないだろうか（IPCC, 2022 等）。ＣＲＤは、「すべての人に対する持続可能な発展を支えるために緩和策と適応策を実行するプロセス」と定義される。以前より、適応は開発との整合性が問われてきた。とりわけ、途上国や脆弱な地域・自治体では最低限の生計を立てるための開発と調和しない適応は受け入れられにくい。つまり、農業、生活様式、インフラの整備など、「洪水とともに生きる」「気候変動とともに生きる」といった観点が必要となるのである。ＣＲＤはこうした開発と適応の調和をさらに拡張した概念だと考えられる。ＣＲＤは気候変動の緩和と適応を融合し、そのうえ生物多様性の保全、持続可能な開発目標（ＳＤＧｓ）の追求、といった広く持続可能な発展に対する課題にまで取り組もうとしている。この相互依存性を積極的に活用することで気候変動の影響へのレジリエンスを高めると同時に、ＳＤＧｓの複数のゴールの達成を促す開発が目指されている。ＣＲＤにせよ、「思慮深い」適応にせよ、気候変動を気候に限った課題として解決策を求めるのではなく、自然や人間社会との関係を含む開発のあり方を考える、統合的な解決策・アプローチ（三村、２０２３）が求められている。

（たむら・まこと　茨城大学地球・地域環境共創機構　教授）

参考文献

IPCC（2021） Climate Change 2021: The Physical Science Basis, 2021.

IPCC（2022） Climate Change 2022: Impacts, Adaptation and Vulnerability, 2022.

WMO（2024） WMO confirms that 2023 smashes global temperature record, Jan. 14, 2024.

気象庁（2024）「２０２３年（令和５年）の日本の天候」２０２４年１月４日。

三村信男（2023）「気候変動にレジリエントな開発に向けた国際協力の展望」ＯＥＣＣ会報第99号、一般社団法人　海外環境協力センター、pp. 7–9.

モーガン・フィリップス
大適応の始めかた
気候危機のもうひとつの争点
齋藤慎子訳

2024 年 6 月 3 日　第 1 刷発行

発行所　株式会社 みすず書房
〒113-0033　東京都文京区本郷 2 丁目 20-7
電話　03-3814-0131(営業)　03-3815-9181(編集)
www.msz.co.jp

本文組版　キャップス
本文印刷所　萩原印刷
扉・表紙・カバー印刷所　リヒトプランニング
製本所　東京美術紙工
装丁　木下悠

ISBN 978-4-622-09708-2
[だいてきおうのはじめかた]

著者略歴

（Morgan Phillips）

気候危機対策のために活動する環境慈善団体（NGO）Global Action Plan, UK（www.globalactionplan.org.uk）で教育・アウトリーチ部門のディレクターを務める．本書が初の著書．本書執筆・原著刊行時（2016-2022）は同じく英国の環境慈善団体 The Glacier Trust（theglaciertrust.org）の共同ディレクター．現在もアドバイザーとして関わり続けている The Glacier Trust は，ネパールの山岳地帯のコミュニティの気候変動への適応を支援する活動をおこなっている．それ以前の 2013-2016 年は環境慈善団体 Keep Britain Tidy による英国のエコ・スクール・プロジェクト（www.eco-schools.org.uk）のリーダー，ブルネル大学講師（2009-2010）などを務めた．2008 年に Ph.D.（博士研究テーマは持続可能性に関する教育）取得後，現在まで一貫して気候環境問題の教育や気候危機対策の支援に携わっている．（英文略歴　https://www.morganhopephillips.com/biog）

訳者略歴

齋藤慎子〈さいとう・のりこ〉英日・西日翻訳者，ライター．ファディマン『精霊に捕まって倒れる』（共訳，みすず書房），ノア『トレバー・ノア　生まれたことが犯罪⁉』（英治出版），ローゼンブラム『最新脳科学でわかった五感の驚異』（講談社），アラン『アランの幸福論』，グラシアン『バルタザール・グラシアンの賢人の知恵』（以上ディスカヴァー・トゥエンティワン）などのほか，ビジネス書の訳書多数．

索 引

ア

カ

サ

タ

ナ

ハ

マ

ヤ

ラ

ワ

参考文献

グレイシャー・トラストのウェブサイト theglaciertrust.org/great-adaptations/references にも同リストを掲載している.

1) Phillips, M., Richards, C., Bunk, P. (2020) *We Need To Talk About Adaptation 2020*, The Glacier Trust. <http://theglaciertrust.org/we-need-to-talk-about>

2) Moore, M. and Phillips, M. (2019) *Coffee. Climate. Community.* The Glacier Trust. <http://theglaciertrust.org/coffee>

3) Arkbound Foundation (2021) *Climate Adaptation: Accounts of Resilience, Self-Sufficiency and Systems Change,* Arkbound. <https://arkbound.com/product/climate-adaptation-accounts-of-resilience-self-sufficiency-and-systems-change/>

4) UNFCCC (2015) *The Paris Agreement.* UNFCCC. <https://unfccc.int/process-and-meetings/the-paris-agreement/the-paris-agreement>

5) UN Environment Programme (2020) *Emissions Gap Report 2020*, UNEP. <https://www.unenvironment.org/emissions-gap-report-2020>

6) Read. R. (2021) *Parents for a future - How loving our children can prevent climate catastrophe,* UEA Publishing Project.

7) Liu, P.R., Raftery, A.E. (2021) *Country-based rate of emissions reductions should increase by 80% beyond nationally determined contributions to meet the 2 °C target.* Communications Earth and Environment, vol 2, 29. <https://doi.org/10.1038/s43247-021-00097-8>

8) WMO (2021) *The State of the Global Climate 2020,* World Meteorological Organization. <https://public.wmo.int/en/our-mandate/climate/wmo-statement-state-of-global-climate>

9) IPCC (2018) *Global Warming of 1.5°C. An IPCC Special Report on the impacts of global warming of 1.5°C above pre-industrial levels and related global greenhouse gas emission pathways, in the context of strengthening the global response to the threat of climate change, sustainable development, and efforts to eradicate poverty,* [Masson-Delmotte, V., P. Zhai, H.-O. Pörtner, D. Roberts, J. Skea, P.R. Shukla, A. Pirani, W. Moufouma-Okia, C. Péan, R. Pidcock, S. Connors, J.B.R. Matthews, Y. Chen, X. Zhou, M.I. Gomis, E. Lonnoy, T. Maycock, M. Tignor, and T. Waterfield (eds.)]. <https://www.ipcc.ch/sr15/>

10) Hausfather, Z. and Peters, G. (2020) *Comment: Emissions - the 'business as usual' story is misleading,* Nature Climate Change, vol 557, 618-620. <https://www.nature.com/articles/d41586-020-00177-3>

11) McSweeney, R. (2020) Explainer: Nine 'tipping points' that could be triggered by climate change, Carbon Brief. <https://www.carbonbrief.org/explainer-nine-tipping-points-that-could-be-triggered-by-climate-change>

12) Betts, R. (2018) *Hothouse Earth: here's what the science actually does – and doesn't – say,* The Conversation. <https://theconversation.com/hothouse-earth-heres-what-the-science-actually-does-and-doesnt-say-101341>

13) Lenton. T.M. et. al (2019) *Climate tipping points — too risky to bet against,* Nature. <https://www.nature.com/articles/d41586-019-03595-0>

14) Ilyas-Jarrett, S. (2020) *Why don't we take climate change seriously? Racism is the answer,* Open Democracy. <https://www.opendemocracy.net/en/why-dont-we-take-climate-change-seriously-racism-is-the-answer/>

15) Lammy, D. (2020) *Climate justice can't happen without racial justice,* TED talk. <https://www.ted.com/talks/david_lammy_climate_justice_can_t_happen_without_racial_justice?language=en>

16) Gardiner, B. (2020) *Unequal Impact: The Deep Links Between Racism and Climate Change,* Yale Environment 360. <https://e360.yale.edu/features/unequal-impact-the-deep-links-between-inequality-and-climate-change>

17) UN Environment (2021) Adaptation Gap Report 2020. <https://www.unep.org/resources/adaptation-gap-report-2020>

18) Hickel, J. (2017) *The Divide,* Penguin Random House.

19) Haraway, D. (2016) *Staying With The Trouble,* Duke University Press.

20) Pereira, I. (2017) *Sandy stories: Firsthand accounts of surviving the storm,* amNY. <https://www.amny.com/news/sandy-nyc-stories-1-14636303/>

21) Koslov, L. (2019) *Avoiding Climate Change: "Agnostic Adaptation" and the Politics of Public Silence,* Annals of the American Association of Geographers, 109 (2). <https://doi.org/10.1080/24694452.2018.1549472>

22) Pilkey, O (2012) *We Need to Retreat From the Beach,* The New York Times. <https://www.nytimes.com/2012/11/15/opinion/a-beachfront-retreat.html>

23) Fischer, K.K. (2015) *"Agnostic Adaptation."* In *'A Response to the IPCC Fifth Assessment,'* by Adams-Schoen, S. *et al.* Environmental Law Reporter 45, no. 1: 10027–48.

24) Farand, C. (2021) *Cyclone Eloise shatters Mozambique's progress to recover from 2019 storms,* Climate Change News. <https://www.climatechangenews.com/2021/01/28/cyclone-eloise-shatters-mozambiques-progress-recover-2019-storms/>

25) Members of District of Warwick people's inquiry on climate change (2021) *Jury Statement,* Warwick District Council. <https://www.warwickdc.gov.uk/info/20468/sustainability_and_climate_change/1636/warwick_district_people_s_climate_change_inquiry/3>

26) Ritchie, H. and Roser, M. (2019) *Urbanization,* Our world in data. <https://ourworldindata.org/urbanization>

27) UN (2018) *68% of the world population projected to live in urban areas by 2050, says UN.* <https://www.un.org/development/desa/en/news/population/2018-revision-of-world-urbanization-prospects.html>

28) O'Neill, C. (2020) *Letter to Prime Minister Johnson, February 3rd 2020.* <http://prod-upp-image-read.ft.com/9267af30-46c1-11ea-aeb3-955839e06441>

29) BBC News (2021) *Climate change is a threat to our security - Boris Johnson,* BBC News. <https://www.bbc.co.uk/news/uk-politics-56158437>

30) Scottish Government (2020) *Public bodies climate change duties: putting them into practice, guidance required by part four of the Climate Change (Scotland) Act 2009.* <https://www.gov.scot/publications/public-bodies-climate-change-duties-putting-practice-guidance-required-part/pages/4/>

31) Sniffer (2021) *Vision, mission and values,* Sniffer. <https://www.sniffer.org.uk/vision-mission-and-values>

32) Climate Ready Clyde (2021) *Our Adaptation Strategy and Action Plan,* Climate Ready Clyde. <https://climatereadyclyde.org.uk/adaptation-strategy-and-action-plan/>

33) Climate Ready Clyde (2018) *Towards a climate ready Clyde; climate risks and opportunities for the Glasgow City Region.* <https://www.crc-assessment.org.uk/>

34) Caroline (2020) *5 Best Cooling Mats for Dogs,* Rangers Dog. <https://www.insider.com/guides/pets/best-cooling-mats-pads-for-dogs>

35) BBC (2019) *UK heatwave: Met Office confirms record temperature in Cambridge,* BBC. <https://www.bbc.co.uk/news/uk-49157898>

36) Knapman, H. (2019) *SWEATING IT Brits panic in heatwave and strip shops including Asda and Tesco of fans, ice creams and cooling mats for pets,* The Sun. <https://www.thesun.co.uk/money/9580354/brits-panic-heatwave-strip-asda-and-tesco-fans/>

37) Designrhome.com (2019) *10 Mist Cooling Fans That Bring Relief In Hot Temperatures.* <https://www.designrhome.com/gift/portable-water-mist-fans.php>

38) Bakar, F. (2019) *B&M is selling sun loungers for dogs so you can both chill in the garden,* Metro. <https://metro.co.uk/2019/05/16/bm-is-selling-sun-loungers-for-dogs-so-you-can-both-chill-in-the-garden-9565106/>

39) Symester, C. (2019) *Currys PC World slash price of fans as UK shoppers try to com-*

bat scorching weather, The Daily Mirror. <https://www.mirror.co.uk/money/shopping-deals/currys-pc-world-fans-sale-18768824>

40）Clement, M. (2019) *I followed the advice for Paris's hottest day - it didn't help,* The Guardian. <https://www.theguardian.com/cities/2019/jul/31/i-followed-the-advice-for-paris-hottest-day-it-didnt-help>

41）Dalton, J. (2019) *Qatar now so hot it has started air-conditioning the outdoors,* The Independent. <https://www.independent.co.uk/climate-change/news/qatar-air-conditioning-temperature-weather-heat-climate-change-athletics-world-cup-a9160751.html>

42）Orton, K. (2012) *The desert of the unreal,* Dazed Digital. <https://www.dazeddigital.com/artsandculture/article/15040/1/the-desert-of-the-unreal>

43）Western Sydney University (2020) *New Resource by Institute Researchers Provides Advice on How to Prepare for Heat.* <https://www.westernsydney.edu.au/ics/news/new_resource_by_institute_researchers_provides_advice_on_how_to_prepare_for_heat>

44）Earth IQ (2019) *How can we stay cool without contributing to climate change?* <https://www.facebook.com/EarthIQ/videos/2316060195070627/>

45）Lopes, A. et.al (2019) *Infrastructures of Care: Opening up 'Home' as Commons in a Hot City,* Human Ecology Review, 24 (2). <https://pdfs.semanticscholar.org/1920/004e258483d40017ff468370e4892e11fce5.pdf?_ga=2.40678635.891984776.1581100147-74629194.1581100147>

46）Wood, S. (2004) *Every skier should have some more snow,* The Independent. <https://www.independent.co.uk/travel/skiing/every-skier-should-have-some-more-snow-5355294.html>

47）Clavarino, T. (2019) *The Guardian picture essay: Seduced and abandoned: tourism and climate change in the Alps,* The Guardian. <https://www.theguardian.com/environment/2019/dec/09/seduced-abandoned-tourism-and-climate-change-the-alps?CMP=share_btn_fb>

48）Willshere, K. (2019) *French ski resort moves snow with helicopter in order to stay open,* The Guardian. <https://www.theguardian.com/world/2020/feb/16/french-ski-resort-moves-snow-with-helicopter-in-order-to-stay-open>

49）Knox, P. (2019) *SNOW WAY Russia using FAKE snow on Moscow streets as it records warmest winter on record,* The Sun. <https://www.thesun.co.uk/news/10640133/russia-fake-snow-moscow-streets-record-winter/>

50）Morales-Castilla, et.al. (2020) Diversity buffers winegrowing regions from climate change losses, Proceedings of the National Academy of Sciences, 117 (6). <https://www.researchgate.net/publication/338862645_Diversity_buffers_winegrowing_regions_from_climate_change_losses>

51) French, P. (2019) *Champagne Taittinger expands English vineyard ahead of first harvest,* The Drinks Business. <https://www.thedrinksbusiness.com/2019/06/champagne-taittinger-expands-english-vineyard-ahead-of-first-harvest/>

52) NATO (2014) *Environment - NATO's stake.* <https://www.nato.int/cps/en/natohq/topics_91048.htm>

53) Givetash, L (2019) *Militaries go green, rethink operations in face of climate change,* NBC News. <https://www.nbcnews.com/news/amp/ncna991651>

54) Neimark, B. et. al. (2019) *US military is a bigger polluter than as many as 140 countries - shrinking this war machine is a must,* The Conversation. <https://theconversation.com/us-military-is-a-bigger-polluter-than-as-many-as-140-countries-shrinking-this-war-machine-is-a-must-119269>

55) NATO (2014) *Environment - NATO's stake.* <https://www.nato.int/cps/en/natohq/topics_91048.htm>

56) The Economist (2019) *How climate change can fuel wars.* <https://www.economist.com/international/2019/05/23/how-climate-change-can-fuel-wars>

57) Stoltenberg, J (2019) *Speech by NATO Secretary General Jens Stoltenberg at the Institute for Regional Security and the Australian National University's Strategic and Defence Studies Centre, Canberra.* <https://www.nato.int/cps/en/natohq/opinions_168379.htm>

58) Groeskamp, S. and Kjellsson (2020) *NEED The Northern European Enclosure Dam for if Climate Change Mitigation Fails,* BAMS Article, American Meteorological Society (July, 2020). <https://journals.ametsoc.org/doi/pdf/10.1175/BAMS-D-19-0145.1>

59) Henley, J and Evans, A (2020) *Giant dams enclosing North Sea could protect millions from rising waters,* The Guardian. <https://www.theguardian.com/environment/2020/feb/12/giant-dams-could-protect-millions-from-rising-north-sea>

60) Friedman, M (1982) *Capitalism and Freedom,* Phoenix Books〔フリードマン『資本主義と自由』村井章子訳，日経 BP，2008〕.

61) U.S. Army Corps of Engineers, Norfolk District (2020) *Miami-Dade Back Bay Coastal Storm Risk Management Draft Integrated Feasibility Report and Programmatic Environmental Impact Statement Miami-Dade County, Florida.* <https://usace.contentdm.oclc.org/utils/getfile/collection/p16021coll7/id/14453>

62) Harris, A (2020) *Feds have $4.6 billion plan to protect Miami-Dade from hurricanes: walls and elevation*, Miami Herald. <https://www.miamiherald.com/news/local/environment/article243276326.html>

63) UN Global Compact (2015) *The Business Case For Responsible Corporate Adaptation.* <https://d306pr3pise04h.cloudfront.net/docs/issues_doc%2FEnvironment

%2Fclimate%2FAdaptation-2015.pdf>

64) Holthaus, E. (2021) *The Phoenix*. <https://thephoenix.substack.com/>

65) Holthaus, E. (2020) *Big disasters make headlines. But the most dangerous part of climate change is that you barely notice it's happening,* The Conversation. <https://thecorrespondent.com/658/big-disasters-make-headlines-but-the-most-dangerous-part-of-climate-change-is-that-you-barely-notice-its-happening/87110408462-ab71f6f0>

66) Magnan, A. (2014) *Avoiding maladaptation to climate change: towards guiding principles*, SAPIENS, Vol. 7, no. 1. <https://journals.openedition.org/sapiens/1680>

67) The Biomimicry Institute (2020) *What is Biomimcry*. <https://biomimicry.org/what-is-biomimicry/>

68) Peacock E, Sonsthagen SA, Obbard ME, Boltunov A, Regehr EV, et al. (2015) *Implications of the Circumpolar Genetic Structure of Polar Bears for Their Conservation in a Rapidly Warming Arctic,* PLOS ONE 10(8). <https://journals.plos.org/plosone/article?id=10.1371/journal.pone.0112021>

69) Peng, G. et.al., (2020) *What Do Global Climate Models Tell Us about Future Arctic Sea Ice Coverage Changes?,* Climate. <https://www.mdpi.com/2225-1154/8/1/15>

70) Watts, J. (2019) *What polar bears in a Russian apartment block reveal about the climate crisis*, The Guardian. <https://www.theguardian.com/environment/shortcuts/2019/feb/11/polar-bears-russian-apartment-block-climate-crisis>

71) Letzer, R (2020) *Australian Hunters to Kill 10,000 Feral Camels from Helicopters Amid Worsening Drought*, Live Science. <https://www.livescience.com/australian-hunters-kill-camels-helicopters-drought-fire-season.html>

72) Betz, B, (2020) *In Australia, more than 5,000 feral camels killed in mass cull,* Fox News. <https://www.foxnews.com/world/australia-feral-camels-killed-mass-cull>

73) Oregon State University (2013) *The sounds of science: Melting of iceberg creates surprising ocean din,* Phys org. <https://phys.org/news/2013-07-science-iceberg-ocean-din.html>

74) Wallace-Wells, D. (2019) *The Uninhabitable Earth,* Allen Lane〔ウォレス＝ウェルズ『地球に住めなくなる日——「気候崩壊」の避けられない真実』藤井留美訳, NHK 出版, 2020〕.

75) Cooke, R.S.C., Eigenbrod, F. and Bates, A.E. (2019) Projected losses of global mammal and bird ecological strategies, Nature Communications, Vol. 10, No. 2279. <https://www.nature.com/articles/s41467-019-10284-z>

76) Milton, N. (2019) *Adders now active all year with warmer UK weather,* The Guardian. <https://www.theguardian.com/environment/2019/mar/06/adders-now-active-all-year-with-warmer-uk-weather>

77) Earth Institute Columbia University (2021) *Renee Cho Author at State of the Planet.* <https://blogs.ei.columbia.edu/author/renee-cho/>

78) Cho, R. (2018) *What Helps Animals Adapt (or Not) to Climate Change?* Earth Institute, Columbia University. <https://blogs.ei.columbia.edu/2018/03/30/helps-animals-adapt-not-climate-change/>

79) Cho, R. (2018) What Helps Animals Adapt (or Not) to Climate Change?, State of the Planet, Earth Institute Columbia University. https://blogs.ei.columbia.edu/2018/03/30/helps-animals-adapt-not-climate-change/>

80) Dar Si Hmad (2021) *Vision & Mission.* <https://darsihmad.org/vision-mission-2/>〔現在はアクセス不能〕.

81) Bregman, R. (2020) *Humankind: A Hopeful History,* Bloomsbury Publishing〔ブレグマン『Humankind　希望の歴史――人類が善き未来をつくるための 18 章』野中香方子訳，文藝春秋，2021〕.

82) Hare, B. and Wood. V. (2020) *Survival of the Friendliest - Understanding our Origins and Rediscovering Our Common Humanity,* Penguin Random House.

83) Warwick District Council (2020) *Warwick District's Climate Emergency Action Programme.* <https://www.warwickdc.gov.uk/news/article/372/warwick_district_s_climate_emergency_action_programme>

84) Butler, P. (2020) *Warwick asks voters to back radical council tax rise for climate action,* The Guardian. <https://www.theguardian.com/society/2020/mar/05/warwick-proposes-34-council-tax-rise-to-fund-climate-action-plans>

85) Warwick District Council (2021) *People's inquiry sessions,* Warwick District Council. <https://www.warwickdc.gov.uk/info/20468/sustainability_and_climate_change/1636/warwick_district_people_s_climate_change_inquiry/2>

86) CAN (Climate Action Now) <http://wdcan.co.uk/>

87) Warwick District Council (2020) *Warwick District's Climate Emergency Action Programme.* <https://www.warwickdc.gov.uk/news/article/372/warwick_district_s_climate_emergency_action_programme>

88) Climate Change Committee (2017) *UK Climate Change Risk Assessment 2017 Evidence Report,* Climate Change Committee. <https://www.theccc.org.uk/uk-climate-change-risk-assessment-2017/>

89) Sobczak-Szel, K. and Fekih, N. (2020) *Migration as one of several adaptation strategies for environmental limitations in Tunisia: evidence from El Faouar,* Comparative Migration Studies, Vol. 8, no. 8. <https://doi.org/10.1186/s40878-019-0163-1>

90) The Climate and Migration Coalition. <http://climatemigration.org.uk/>

91) Hulme, M. (2019) *Climate Emergency Politics Is Dangerous,* Issues in Science and Technology. <https://issues.org/climate-emergency-politics-is-dangerous/>

92) HM Government (2019) *Green GB & NI - Industrial strategy.* <https://greengb.

campaign.gov.uk/>

93）Committee on Climate Change (2019) *Net Zero - The UK's contribution to stopping global warming.* <https://www.theccc.org.uk/publication/net-zero-the-uks-contribution-to-stopping-global-warming/>

94）UN News (2019) *UN emissions report: World on course for more than 3 degree spike, even if climate commitments are met,* UN News. <https://news.un.org/en/story/2019/11/1052171>

95）Simms, A (2017) *'A cat in hell's chance' - why we're losing the battle to keep global warming below 2C,* The Guardian. <https://www.theguardian.com/environment/2017/jan/19/cat-in-hells-chance-why-losing-battle-keep-global-warming-2c-climate-change>

96）Climate Action Tracker (2020) *Global update: Paris Agreement Turning Point.* <https://climateactiontracker.org/publications/global-update-paris-agreement-turning-point/>

97）Knorr, W. et.al. (2020) *Letters: After coronavirus, focus on the climate emergency,* The Guardian. <https://www.theguardian.com/world/2020/may/10/after-coronavirus-focus-on-the-climate-emergency>

98）Mann, G. and Wainwright, J. (2017) *Climate Leviathan: A Political Theory of Our Planetary Future,* Verso.

99）Dobson, J. (2020) *Billionaire Bunker Owners Are Preparing For The Ultimate Underground Escape,* Forbes. <https://www.forbes.com/sites/jimdobson/2020/03/27/billionaire-bunker-owners-are-preparing-for-the-ultimate-underground-escape/?sh=7331acd4e12a>

100）The Seasteading Institute (2019) *Reimagining Civilization with Floating Cities.* <https://www.seasteading.org/>

101）Milman, O. and Rushe, D. (2021) *The latest must-have among US billionaires? A plan to end the climate crisis,* The Guardian. <https://www.theguardian.com/us-news/2021/mar/25/elon-musk-climate-plan-reward-jeff-bezos-gates-investments>

102）Schipper, E.L.F. (2020) *Maladaptation: When adaptation to climate change goes very wrong.* One Earth, 3(4): 409-414. <https://www.researchgate.net/publication/344860704_Maladaptation_When_Adaptation_to_Climate_Change_Goes_Very_Wrong>

103）Bendell, J. and Read, R. (2021) *Deep Adaptation Navigating the Realities of Climate Chaos,* Polity Press.

104）Bendell, J. (2020) *Deep Adaptation: A Map for Navigating Climate Tragedy, 2nd Edition,* IFLAS Occasional Paper 2. <https://lifeworth.com/deepadaptation.pdf>

105）Nicholas, T., Hall, G., and Schmidt, C. (2020) *The faulty science, doomism, and*

flawed conclusions of Deep Adaptation, Open Democracy. <https://www.opendemocracy.net/en/oureconomy/faulty-science-doomism-and-flawed-conclusions-deep-adaptation/>

106）Read, R. and Eastoe, J. (2021) *The Need for a 'Moderate Flank' in climate activism,* Byline Times. <https://bylinetimes.com/2021/06/18/the-need-for-a-moderate-flank-in-climate-activism/>

107）Anonymous (2017) *This Civilisation is Finished...,* Green Talk. <https://greentalk.org.uk/this-civilisation-is-finished/>

108）Read, R. (2018) *This civilisation is finished: so what is to be done?* Speech to Shed a light at Churchill College, University of Cambridge on 7 November 2018. <https://www.youtube.com/watch?v=uzCxFPzdO0Y&feature=share>；Read, R. (2018) *Post-Civilisation,* IFLAS Occasional Paper 3. <http://iflas.blogspot.com/2018/12/post-civilisation-iflas-occasional.html>

109）Read, R. (2019) *This civilisation is finished: Conversations on the end of Empire - and what lies beyond.* Simplicity Institute. <https://www.researchgate.net/publication/334067990_This_civilisation_is_finished_Conversations_on_the_end_of_Empire_-_and_what_lies_beyond>

110）Read, R. (2021) *Transformative Adaptation,* Permaculture Magazine, Vol. 10, Spring 2021.

111）Roser, M. and Ortiz-Ospina. E. (2019) *Global Extreme Poverty,* Our World in Data. <https://ourworldindata.org/extreme-poverty>〔現在は右のページに移動：<https://ourworldindata.org/poverty>〕

112）Dorling, D. (2020) *Slowdown: The End of the Great Acceleration — and Why It's Good for the Planet, the Economy, and our Lives,* Yale University Press.

113）Rao, K. (2016) *Amitav Ghosh 'climate change is like death, no one wants to talk about it',* The Guardian. <https://www.theguardian.com/environment/2016/sep/08/amitav-ghosh-climate-change-is-like-death-no-one-wants-to-talk-about-it>

114）Gergish, J. (2020) *The great unravelling: 'I never thought I'd live to see the horror of planetary collapse',* The Guardian. <https://www.theguardian.com/australia-news/2020/oct/15/the-great-unravelling-i-never-thought-id-live-to-see-the-horror-of-planetary-collapse?fbclid=IwAR3JsIZYLxFegTC1JNxDBREb7pz1mLXolzsX53-C97A-B0L1V6GJAP0XvHw>

115）Curtis, A. (2016) *Hypernormalisation,* BBC. <https://www.bbc.co.uk/iplayer/episode/p04b183c/hypernormalisation>

116）Curtis, A. (2009) *Oh dearism,* BBC. <https://www.bbc.co.uk/iplayer/episode/p07c6llv/adam-curtis-shorts-oh-dearism>

117）Sawin, E. (2019) *Obvious to you, but invisible to me,* The Glacier Trust. <http://theglaciertrust.org/blog/2019/4/26/something-might-be-obvious-to-you-but-

invisible-to-me>

118）Yurchak, A. (2005) *Everything was Forever, Until it was No More: The Last Soviet Generation,* Princeton University Press〔ユルチャク『最後のソ連世代――ブレジネフからペレストロイカまで』半谷史郎訳，みすず書房，2017〕.

119）Klein, N. (2007) *The Shock Doctrine: The Rise of Disaster Capitalism,* Allen Lane〔クライン『ショック・ドクトリン――惨事便乗型資本主義の正体を暴く』幾島幸子，村上由見子訳，岩波書店，2011〕.

120）Fischetti, M. (2015) *Climate Change Hastened Syria's Civil War,* Scientific American. <https://www.scientificamerican.com/article/climate-change-hastened-the-syrian-war/>

121）Internationalist Commune of Rojava (2018) *Make Rojava Green Again,* Dog Section Press:

122）Ross. C. (2017) *Accidental Anarchist,* Hopscotch Films. <https://www.accidentalanarchist.net/>

123）Bookchin D. (2019) *Report from Rojava: What the West Owes its Best Ally Against ISIS,* The New York Review. <https://www.nybooks.com/daily/2019/04/04/report-from-rojava-what-the-west-owes-its-best-ally-against-isis/>

124）Marvel, K. (2018) *We Need Courage, Not Hope, to Face Climate Change,* On Being. <https://onbeing.org/blog/kate-marvel-we-need-courage-not-hope-to-face-climate-change/>

125）Anthony, A. (2017) *Ex-diplomat Carne Ross: the case for anarchism,* The Guardian. <https://www.theguardian.com/politics/2017/jul/09/carne-ross-case-for-anarchy-accidental-anarchist-interview>

126）Crompton, T., Sanderson, R., Prentice, M., Weinstein, N., Smith, O., and Kasser, T.(2016) *Perceptions Matter - The Common Cause UK Values Survey,* Common Cause Foundation. <https://valuesandframes.org/resources/CCF_survey_perceptions_matter_full_report.pdf>

127）Parker, N., and Phillips, M. (2021) *United in Compassion: Bringing young people together to create a better world,* Global Action Plan. <https://www.globalactionplan.org.uk/files/united_in_compassion_-_research_paper.pdf>

128）Willis, R. (2020) *Too Hot to Handle?: The Democratic Challenge of Climate Change,* Bristol University Press.

129）O'Brien, K. and Sygna, L. (2018) Responding to Climate Change: The Three Spheres of Transformation, cCHange.〔現在は ResearchGate から PDF を入手可能. <https://www.researchgate.net/publication/309384186_Responding_to_climate_change_The_three_spheres_of_transformation>〕

130）Cottam, H. (2020) *Welfare 5.0: Why we need a social revolution and how to make it happen,* UCL. <https://www.ucl.ac.uk/bartlett/public-purpose/publications/

2020/sep/welfare-50-why-we-need-social-revolution-and-how-make-it-happen>

131) Bregman, R. (2020) *Humankind: A Hopeful History*, Bloomsbury〔ブレグマン『Humankind　希望の歴史——人類が善き未来をつくるための18章』野中香方子訳，文藝春秋，2021〕.

132) Hare, B. and Woods, V. (2020) *Survival of the Friendliest: Understanding Our Origins and Rediscovering Our Common Humanity*, Oneworld Publications.

133) Common Cause Foundation (2020). <http://www.valuesandframes.org/>

134) Lifeworlds Learning (2021). <https://lifeworlds.co.uk/>

135) New Citizenship Project (2021). <https://www.newcitizenship.org.uk/>

136) Global Action Plan (2021). <http://www.globalactionplan.org.uk/>

137) Hickel, J. (2020) *Less is More: How Degrowth Will Save the World*, Penguin〔ヒッケル『資本主義の次に来る世界』野中香方子訳，東洋経済新報社，2023〕.

138) Raworth, K. (2018) *Doughnut Economics Seven Ways to Think Like a 21St-Century Economist*, Random House〔ラワース『ドーナツ経済』黒輪篤嗣訳，河出書房新社，2021〕.

139) Gonick, L. and Kasser, T. (2018) *Hyper-Capitalism*, Scribe.

140) Bookchin, M. (2015) *The Next Revolution: Popular Assemblies and the Promise of Direct Democracy*, Verso.

141) Ross, C. (2011) *The Leaderless Revolution: How Ordinary People Will Take Power and Change Politics in the 21st Century*, Simon & Schuster UK.

142) Dorling, D. and Koljonen, A. (2020) *Finntopia - What We Can Learn From the World's Happiest Country*, Agenda Publishing.

143) Macy. J. (2018) It Looks Bleak.Big Deal, It Looks Bleak., Ecobuddism. <http://www.web.cemus.se/wp-content/uploads/2018/09/It-Looks-Bleak_Joanna-Macy.pdf>

144) Aronhoff, K. (2019) *Things Are Bleak!*, The Nation. <https://www.thenation.com/article/archive/jonathan-safran-foer-we-are-the-weather-climate-review/>

145) Global Campaign to Demand Climate Justice (2020) *NOT ZERO: How 'net zero' targets disguise climate inaction*, Joint technical briefing by ActionAid, Corporate Accountability, Friends of the Earth International, Global Campaign to Demand Climate Justice, Third World Network, and What Next?. <https://demandclimatejustice.org/2020/11/18/not-zero-how-net-zero-targets-disguise-climate-inaction/>

146) Jackson, T. (2019) *2050 is too late - we must drastically cut emissions much sooner*, The Conversation. <https://theconversation.com/2050-is-too-late-we-must-drastically-cut-emissions-much-sooner-121512>

147) Lucas, C. (2019) *Theresa May's net-zero emissions target is a lot less impressive than*

it looks, The Guardian. <https://www.theguardian.com/commentisfree/2019/jun/12/theresa-may-net-zero-emissions-target-climate-change>

148）Anderson, K., Broderick, J.F., & Stoddard, I. (2020) *A factor of two: how the mitigation plans of 'climate progressive' nations fall far short of Paris-compliant pathways*, Climate Policy, 20 (10). <https://doi.org/10.1080/14693062.2020.1728209>

149）Weston, P. (2019) *Zero carbon 2050 pledge is too slow to address catastrophic climate change, campaigners warn*, The Independent. <https://www.independent.co.uk/environment/climate-change-uk-2050-net-zero-carbon-climate-change-act-a8955796.html>

150）Harvey, F. (2020) *Ministers doing little towards 2050 emissions target, say top scientists*, The Guardian. <https://www.theguardian.com/environment/2020/jan/24/ministers-doing-little-to-achieve-2050-emissions-target-say-top-scientists-heathrow-expansion>

151）Kirkpatrick, B. (1996) *Brewer's concise dictionary of phrase and fable*, Cassell.

152）Climate Change Committee (2021) Independent Assessment of UK Climate Risk - Advice to Government For the UK's third Climate Change Risk Assessment (CCRA3). <https://www.theccc.org.uk/publication/independent-assessment-of-uk-climate-risk/>

153）DEFRA (2018) *The National Adaptation Programme and the Third Strategy for Climate Adaptation Reporting - Making the country resilient to a changing climate.* <https://assets.publishing.service.gov.uk/government/uploads/system/uploads/attachment_data/file/727252/national-adaptation-programme-2018.pdf>

154）ADM (2021) *Ethanol*, ADM. <https://www.adm.com/products-services/fuel/ethanol>

155）Brack, D. and King, R. (2020) *Research Paper: Net Zero and Beyond: What Role for Bioenergy with Carbon Capture and Storage?* Chatham House. <https://www.chathamhouse.org/2020/01/net-zero-and-beyond-what-role-bioenergy-carbon-capture-and-storage-0/development-ccs-and>

156）Peters, G. (2017) *Does the carbon budget mean the end of fossil fuels?* Energi og Klima. <https://energiogklima.no/articles-in-english/does-the-carbon-budget-mean-the-end-of-fossil-fuels/>

157）Hickel, J. (2020) *Less is More: How Degrowth Will Save the World*, Penguin〔ヒッケル『資本主義の次に来る世界』野中香方子訳，東洋経済新報社，2023〕.

158）United Nations (2018) *The World's Cities in 2018*, The United Nations. <https://digitallibrary.un.org/record/3799524>

159）Anderson, K. & Stoddard, I. (2020) *Beyond a climate of comfortable ignorance*, The Ecologist. <https://theecologist.org/2020/jun/08/beyond-climate-comfortable-ignorance>

160) Anderson, K. (2020) *Revisiting Tressell's philanthropists in the light of the Covid-19 and Climate emergencies.* <https://www.youtube.com/watch?v=vGxOxiCFJ3A&feature=youtu.be>

161) Harcourt, R., Bruine de Bruin, W., Dessai, S. and Taylor, A. (2020) *What Adaptation Stories are UK Newspapers Telling? A Narrative Analysis,* Environmental Communication, 14 (8). <https://doi.org/10.1080/17524032.2020.1767672>

162) Phillips, M., Richards, C., Bunk, P. (2020) *We Need To Talk About Adaptation 2020,* The Glacier Trust. <http://theglaciertrust.org/we-need-to-talk-about>

163) The Adaptation Scotland e-newsletter メーリングリストへの加入は . <https://www.adaptationscotland.org.uk/news-events ; the WeAdapt e-newsletter メーリングリストへの加入は . <https://www.weadapt.org/ ; Cultural Adaptation e-newsletter メーリングリストへの加入は . <https://www.culturaladaptations.com/news/>

164) Global Center on Adaptation. <https://gca.org/>

165) Revkin, A. (2019) *Once derided, ways of adapting to climate change are gaining steam,* National Geographic. <https://www.nationalgeographic.com/environment/article/communities-adapt-to-changing-climate-after-fires-floods-storms>

166) Richards, C. (2020) *Framing Adaptation,* The Glacier Trust. <http://theglaciertrust.org/blog/2020/8/26/framing-adaptation>

167) Thunberg, G. (2019) *Transcript: Greta Thunberg's Speech At The U.N. Climate Action Summit,* NPR. <https://www.npr.org/2019/09/23/763452863/transcript-greta-thunbergs-speech-at-the-u-n-climate-action-summit>

168) Sterling S. (2009) *Ecological Intelligence: viewing the world relationally,* [In] Stibbe A. (2009) *The Handbook of Sustainability Literacy,* Green Books.

画像出典

p. 13　バングラデシュのサトキラ地区で行われた，気候正義を求めるデモ行進（2020 年 9 月 25 日）: Koushikroy14 撮影. Licensed under CC BY-SA 4.0 DEED.

p. 29　“母なる大自然は土地を取り返そうとしている”: Liz Koslov 撮影.

p. 53　ペット用サンラウンジャー : Amanda Collins 撮影.

p. 61　シンガポール国立大学デザイン環境学部の建物 : Rory Gardiner 撮影.

p. 67　人工降雪機 : CLS Rob 撮影. Licensed under CC BY-SA 2.0.

p. 71　ブドウ園 : Ignacio Morales-Castilla 撮影.

p. 79　思考実験としての巨大ダム構想（NEED）: 右の論文中の図をもとに作成.

Groeskamp, Sjoerd and Kjellsson, Joakim (2020) "NEED The Northern European Enclosure Dam for if climate change mitigation fails," *Open Access Bulletin of the American Meteorological Society*, 101 (7). E1174-E1189. DOI 10.1175/BAMS-D-19-0145.1.

p. 83　ハリケーン・フローレンスで浸水した住宅（フロリダ州マイアミ）: U.S. Army National Guard Photo. "180925-Z-XH297-1108" Sgt. Jorge Intriago 撮影. Marked with CC0 1.0.

p. 119　デウサ村でのコーヒーの実の収穫 : Meleah Moore 撮影. The Glacier Trust.

p. 123　コーヒーの実の精製処理（デウサ村）: Meleah Moore 撮影. The Glacier Trust.

p. 127　チュニジアの塩湖ジェリド : David Stanley 撮影. Licensed under CC BY 2.0.

p. 142, 143　2100 年までの地球の平均気温上昇の予測を示す CAT 温度計 : Climate Action Tracker ウェブサイト〈https://climateactiontracker.org/〉より.（CAT 温度計は随時更新されている）

p. 168–169　ロジャヴァのための反植民地主義デモ行進（2019 年，ベルリン）: Leonhard Lenz 撮影. Marked with CC0 1.0